焚烧垃圾的社会

［日］山本节子 著

姜晋如 程艺 译

毛 达 校

知识产权出版社

全国百佳图书出版单位

图书在版编目（CIP）数据

焚烧垃圾的社会 /（日）山本节子著；姜晋如，程艺译.—北京：知识产权出版社，2015.7

ISBN 978-7-5130-3686-3

Ⅰ.①焚… Ⅱ.①山… ②姜… ③程… Ⅲ.①垃圾焚化－研究－日本 Ⅳ.①X705

中国版本图书馆CIP数据核字（2015）第177070号

内容提要

在日本，因为垃圾处理的控制权都在公司的手上，所以建设垃圾处理厂，焚烧垃圾，灰尘填埋，都成为高利益的无尽攫取的行业。为了继续他们的贪婪，焚烧推进派们一边谎称垃圾焚烧的安全神话，一方面确立了全部焚烧的方针。本书为了让一般老百姓了解垃圾焚烧炉的真相，写下了世界上焚烧炉最多的日本的情况，特别强调了其危害性，对于中国的垃圾处理和环境保护有着深刻的借鉴作用。

Gomiwo Moyasu Shakai by Setsuko Yamamoto
Copyright©2004 Yamamoto, Setsuko
All Rights reserved.
Original Japanese edition published by TSUKIJI SHOKAN PUBLISHING CO.,LTD.
Simplified Chinese translation copyright©2015 by Intellectual Property Publishing House
This Simplified Chinese edition published by arrangement with TSUKIJI SHOKAN PUBLISHING CO.,LTD. Tokyo through HonnoKizuna, Inc., Tokyo

责任编辑：龙　文　　　　**责任校对：**董志英
装帧设计：品　序　　　　**责任出版：**刘译文

焚烧垃圾的社会
Fenshao Laji de Shehui

[日]山本节子　著　姜晋如　程艺　译

出版发行：知识产权出版社有限责任公司　　　网　　址：http://www.ipph.cn
社　　址：北京市海淀区马甸南村1号（邮编：100088）　天猫旗舰店：http://zscqcbs.tmall.com
责编电话：010-82000860转8383　　　　　　责编邮箱：morninghere@126.com
发行电话：010-82000860转8101/8102　　　　发行传真：010-82000893/82005070/82000270
印　　刷：北京科信印刷有限公司　　　　　　经　　销：各大网上书店、新华书店及相关专业书店
开　　本：760mm×1000mm 1/16　　　　　　印　　张：13.5
版　　次：2015年7月第1版　　　　　　　　印　　次：2015年7月第1次印刷
字　　数：235千字
京权图字：01-2012-4979

ISBN 978-7-5130-3686-3　　　　　　　　　　定　　价：40.00元

前言

我们每天都在扔掉垃圾。不管有多少，不假任何思索，在指定的日期扔到指定的地方。随心所欲地想扔多少就扔多少。虽然扔到路旁的垃圾袋无法开口说话，但它却忠实地反映出了我们目前的社会现状。

放在人们家里的只不过是垃圾而已，但是，那些垃圾一旦脱离开了我们的双手，就会变成威胁人们生命和生活的危险物质。

在我们的周围，有关垃圾危险性的报道铺天盖地。恶臭、到处丢弃的垃圾、非法倾倒、塞满垃圾的住宅等比比皆是。这些新闻包括人们日常谈论的话题，肉眼不可见的二噁英和有害物质等严重的环境污染问题，以及核废弃物和化学武器处理等国际性问题。2003 年 8 月，在三重县的垃圾发电厂发生了 RDF❶ 储藏罐爆炸事件，造成 2 人死亡。而同年 11 月，在神奈川县大和市的超市又发生了厨余垃圾处理设施爆炸事件。

垃圾问题不仅仅是环境污染问题，还会导致严重的社会犯罪。例如垃圾焚烧技术公司事先与政府部门就投标价格达成默契、偷税漏税，围绕项目建设招、投标出现行贿受贿以及渎职等问题，其中牵涉政府机关和企业的事件性质尤其恶劣。在栃木县鹿沼市发生了负责处理产业废弃物问题的市政府职员遭到绑架并被杀害的案件，由于涉案人员守口如瓶，受害者的遗体至今仍未找到。

在日本，由于政府部门可以迅速清理走随意扔掉的垃圾，并在看不到的地方处理掉，所以人们很难察觉到垃圾带来的上述危险性。但更具危险性的是我们已习以为常的垃圾焚烧处理。尽管垃圾焚烧并不是"恰当的处理方式"，但是，政府为了政策性地引导垃圾焚烧及熔融处理，在许多城市都耸立起焚烧炉。在日本，人们对垃圾焚烧没有产生过太大的异议，其结果是人们对城市里高耸的烟囱喷吐出滚滚浓烟已司空见惯。人们已经完全习惯了这种状态，觉得这种现象不正常的日本人在逐渐减少。与此同时，日本已经成为了世界上遭受最严重的噁污染和重金属污染的国家。相信未来的历史会证明垃圾焚烧处理对环境污

---

❶ Refuse Derived Fuel 的缩写，意即"废弃物衍生燃料"。——译者注

染造成的恶劣影响。

在其他发达国家有许多有关垃圾焚烧与有毒物质污染及健康影响关系的研究，民众也都十分了解相关研究结果。无论采用多么尖端的垃圾处理技术，像气化熔融炉、无氧反应炉、等离子体炉，都被那里的人们揶揄为"肮脏技术（Dirty Technic）"而遭到唾弃。据说尤其在欧美的一些国家，由于当地居民舍命抗拒垃圾焚烧项目，要想在那里建设新的垃圾焚烧炉几乎是不可能的事情。在法律上，如果存在处理设施违法的情况（例如：排放物质超标、篡改数据、非法运营等），将会立即被勒令停业。

二噁英的最大排放源来自垃圾焚烧。现如今甚至能在有些母乳中发现，这会给后代的发育成长投下沉重的阴影。因此，国际社会十分担忧这种状况，相继制定了控制产生垃圾及垃圾焚烧的国际公约和规定，包括《POPs 公约》●、《伦敦公约》、化学物质申报登记制度等。其中《POPs 公约》随着法国在 2004年 2 月的加入，已于 2004 年 5 月起开始生效。目前在全球范围内已达成共识，如果对企业的活动不加以限制，其将会威胁到人类的生存。

然而，日本政府却采取了与国际社会背道而驰的政策。2000 年小泉内阁对废弃物处理及清扫的相关法律（《废扫法》）进行了修改，确定由国家来负责本应由市、町、村政府负责的地方垃圾处理业务。其目的是发展日本社会的静脉产业，通过其振兴来恢复经济发展。但是，由于仅凭这些做法，在法律上实施起来有很大难度，所以在 2000 年又制定了《循环社会形成推进基本法》（以下简称《循环型社会基本法》），并将其置于《废扫法》之上。

所谓《循环型社会基本法》，是将可燃性垃圾作为"资源（发电燃料）"焚烧掉，将灰渣都做成炉渣并有义务进行循环利用，这样一来，就可做到零排放，就不再需要垃圾填埋的场地。换句话说，这是一部将"废弃物全部焚烧"一词换成"循环型"说法的法律。但该法规的实质是要实行大型、高温、24 小时运行的气化熔融炉、灰渣熔融炉和 RDF 发电等新设备投资规划，因此这种做法恐怕只能加剧环境破坏和对大气、水质、土壤的污染。

日本政府这样注重焚烧是有理由的。其一，日本人至今还在认为垃圾问题的关键不是"质量"而是"数量"，不是"担心垃圾危险，而是"担心垃圾太多"。所以，为了"不让垃圾数量增加，就要进行处理"，也就是说，"焚烧之后数量

● POPs 是 Persistent Organic Pollutants 的缩写，意即"持久性有机污染物"；《POPs 公约》是《关于持久性有机污染物的斯德哥尔摩公约》的一种俗称，有时也简称《斯德哥尔摩公约》。——译者注

能减少"就行，因此，"焚烧炉是必要的处理设施"。这种单纯的三步走推理形式便构成了日本垃圾管理的基本要素。

其二是经济理由。因为垃圾焚烧处理属于大型装置产业，所以，企业的商机就会增加。这样的项目如果是公共事业，由于可以充分利用"私下协商"的方式，企业的既得利益会进一步扩大。实际上，自从政府公布了建设"循环型社会"构想以来，凡是预见到在这个领域可以拓宽商业发展的企业大多都开始参与到了环保项目之中。垃圾的焚烧处理方式会变成金钱——这正是日本政府和产业界选择的道路。因此，大多数这样的企业都强烈期望今后的垃圾处理会继续采用焚烧方式。

然而，广大民众被"二噁英对策""循环型社会"之类的词语所迷惑，完全没有注意到问题的本质。更有甚者，有关方面在这个领域操纵信息影响大众的看法，极力不让人们的视线转向非焚烧垃圾处理的"另一种方法即替代方案（Alternative）"，因此如果不去认真观察就很难看清事实真相。

日本的垃圾处理向焚烧方式转型是从《废弃物处理法》出台的 1975 年开始的。

从那时起，仅仅过去了三十几年人们就已养成了焚烧垃圾的习惯。那么，这种习惯是如何损害人类和破坏环境、如何危害下一代人的呢？就这样的问题，需要我们停下脚步好好思考一下。笔者正是基于这样的观点，为重新认识垃圾焚烧而撰写本书的。

第一章作为问题的切入点，对焚烧炉相关的许多"常理"进行了揭露和批判。像"焚烧处理是卫生的""土地狭小，只能采取焚烧处理方式""大区域处理会降低成本"之类的"常理"只不过是厂家推销用的套话而已。与其相信那些"常理"，不如从环境方面或者从经济方面对焚烧处理进行验证，就会看出其完全不同的真实面目。

第二章针对日本焚烧炉及垃圾处理的相关规定，比较和探讨了日本和美国的部分法律制度，且就其含义进行了分析。如果用简单的词语概括两国的法律制度的差异，美国的法律制度是"公开""简明浅显"，而日本则是"封闭""复杂"。本书中讲述了许多在日本尚未被公开的内情。

第三章探讨了二噁英问题。目前出现了"二噁英很早就有""二噁英不是值得大惊小怪的问题"之类的倒退性言论，在此姑且先不去谈论其是否有毒性。本书列举了三个历史性事件，即越南战争、KANEMI 食物油中毒事件、塞维索灾难。这些事件几乎已经被人们淡忘了，但实际上它们作为"垃圾问题"又重新引起人们的关注。

第四章讨论了有害重金属的问题。尽管这个问题不大为人所知，但焚烧炉排放出的数以吨计的重金属物质有可能对婴幼儿的脑神经系统造成致命性伤害。

本书在介绍每种物质性质的同时，一并介绍了水俣病及痛痛病等著名的公害事件。其实，给当今的社会带来上述"矿毒（有毒物质污染）"的罪魁祸首正是焚烧炉。

在第五章，本书在重金属中主要探讨了产生污染问题的汞。汞在常温下为气态，并可通过各种渠道混入垃圾里，通常无法被吸附，以至最终会被排放到大气中。然后，汞会漂浮在大气中，或者夹杂在云、雾、雨水里落到地面上，通过土壤及水被所有的生物摄入体内。国际社会曾多次呼吁要对处于生态系统最顶端的大型鱼类、鸟类以及人体的汞负荷采取措施。经历过水俣病的日本却根本没有把这样的国际动态告知公众。这一章里将介绍有关汞污染问题的国际动态和日本的对应措施。

对于在第六章里涉及的悬浮颗粒物质（SPM），日本的产业界及政府一直避免将该问题公之于众。他们担心这类信息会对汽车行业（柴油车）这样的支柱产业造成打击。欧美发达国家早从 20 世纪 50 年代起就把其有害性视为问题，并指出其与儿童哮喘、过敏性皮炎（atopic dermatitis）、成人心脏病等有关联。而在日本，这个问题却直到最近才引起公众关注，对东京都的柴油车尾气排放采取了限制措施。但是，悬浮粒子不仅来自柴油车，也会从焚烧炉大量排放出来，加剧环境污染。

第七章就"今后如何去做"作了阐述。为了停止焚烧处理，首先当然是从减少垃圾排放开始。而减少垃圾排放则需要具体落实到"小区域""行政指导能力""居民主体""分类"以及"教育"上。本章中介绍了澳大利亚首都堪培拉的事例，在最后刊登了神奈川县的市民团体制定的《非焚烧垃圾处理规划（市民替代方案）》。

本书是为致力于解决垃圾问题的人们而编写的理论性读本。

为了让初次涉足垃圾处理问题的读者也能看懂，尽可能不使用数字、化学分子式以及计量单位，有意采取简单明了的表述方式。另外，涉及法律方面的问题，请参照拙著《垃圾处理大区域化计划》（由筑地书馆发行）为盼。

目 录

第七章　替代方案（alternative）——"非焚烧垃圾处理"

第一章

打破 "焚烧处理" 的 "常理"

　　现实社会中，常常有我们认为是常识性的东西其实是被人有意识地灌输的臆想，这种情况并不在少数。我们生活的现代社会充满了令人惊讶的各种各样的电子设备及信息终端。但是，我们要知道像卫星电视、手机、互联网这些具有代表性的信息工具，本身不是对公众而是对企业来说才是最有用的市场营销工具。在全球化经济社会中，企业通过特定的机构（媒体及行政部门）来影响公众的想法，把他们引向特定的方向，或者让其接受对企业有利的政策。这是最普遍的企业战略。

　　而上述战略中的惯用手法就是发送大量的信息。对接收信息的人来说拥有大量的信息未必就一定有利。真正有用的信息往往会被洪水般的信息淹没，使人们无法看到事实真相。在当今的时代，微不足道的信息瞬间就会传遍世界，人们往往追求的是数量和速度，而不是质量。因此，人们常常把轻而易举得到的消息当作事实。在现今的社会制度中，还没有验证政府及企业大量发送的各种各样的"大本营公告（虚假信息）"的机构。因此，人们容易囫囵吞枣地接受企业及政府单方面的信息。为此，这就要求我们要用批判的眼光看待社会上流传的各类信息，并要具备按照商业道德分辨其真伪的洞察能力。

　　关于垃圾焚烧处理的"常识"，几乎都是被有目的灌输的错误臆想。在此，本书首先从打破我们日本人对焚烧处理的臆想——"常理"开始吧。

垃圾通过焚烧处理"可以减少排放量"吗？

采用焚烧处理后，垃圾的数量不但没有减少反而增加了。

日本对 75% ～ 80% 收集的垃圾进行焚烧处理。采用该处理方式的最大理由据说是因为日本国土面积狭小，用于垃圾填埋的土地太少，所以采用焚烧处理使垃圾"减排"是合理的做法。但事实并非如此。

垃圾焚烧处理后，剩下 35% ～ 45% 的灰渣。上述主张是从原有的垃圾数量中将灰渣减掉，得到的是 55% ～ 65%，并把它原封不动地视为减少的数量，完全没有把从烟囱排放的废气计算进去。

然而，虽然说把垃圾焚烧掉了，但是，其中含有的物质并没有像烟雾一样消失。固态垃圾通过焚烧只是改变了存在的形式变成了气态、液态及灰状而已，并没有消灭掉。人们之所以认为垃圾"数量减少"了，是因为把焚烧炉烟囱排放出去的气体部分当作了零。

然而，排放出来的气体也属于废弃物，并且与焚烧后的灰渣一样是最糟糕的污染物质。

行政人员总是满不在乎地断言"烟囱排出来的烟是安全的水蒸气""排放的废气毫无危害"。实际上正由于排放的废气十分有害，要经过好几道工序去处理后才排放。恐怕只有那些行政人员才对"垃圾焚烧后就会减量"深信不疑。

对于垃圾焚烧处理后数量会多于投入量，这一点已得到科学验证。[1] 将固体垃圾加热，使其转化成气体和灰渣需要大量的能源，考虑用于能源的燃气及柴油的数量，废弃物总量必然增加。之所以我们没有注意到这理所当然的事情，是由于焚烧处理破坏了垃圾原有的形状，使其变成了气体或者灰状等极其微小的形状。从烟囱等排放到大气中的这些微小物质，虽然被认为是已减掉的数量，但由于焚烧后的微小物质浓度低于原来的物质，所以无法重新聚集起来（把它称为熵变 entropy）。

因此，所谓垃圾焚烧处理就是对物质进行高温和氧化处理（焚烧），使它变成极小的物质向周围扩散。但是，无论浓度有多低，焚烧后的物质并没有像烟一样消失。只要继续焚烧，各种有毒的氧化物及化合物就会落回到焚烧设施的周围，并不断积累。因此，"通过焚烧处理使垃圾数量减少"的想法是错误的臆想。

---

[1] 《焚烧处理与健康》，绿色和平埃克塞大学研究所。

因为气候潮湿所以垃圾焚烧处理是卫生的？

还有一种在日本广泛流传的"常理"认为，因为日本湿度大，不将垃圾焚烧处理掉则不卫生，害虫会滋生，疾病会蔓延。然而，在比日本还要闷热的菲律宾，于1999年制定了焚烧垃圾为违法的法律《大气清洁法》。由于焚烧垃圾会排放出二噁英等有毒物质，显然"气候"不能成为焚烧处理的正当理由。

相反，因为垃圾焚烧炉会产生有毒气体，垃圾焚烧厂应该是最不卫生的工厂。在巨大的垃圾处理工厂中有多一半的工序是用于清洗排放废气的，这就充分显示出焚烧处理排放的废气的危险性。然而，更棘手的是在垃圾焚烧炉中形成的有毒物质是自然界中没有的，并且具有难以分解、生物积累、剧毒等危险性。其中最恶劣的例子是被称为"人类创造出来的最凶恶的有毒物质"——二噁英，即使日本政府也承认有80% ~ 90%的二噁英来自焚烧炉。❶

就在几十年以前，日本的垃圾几乎都是以填埋方式处理的。具有讽刺意味的是，像今天一律进行焚烧处理的方式是从（在公害国会上）《废弃物处理法》出台后的1970年开始的。《废弃物处理法》的前身为《清扫法》(1954年制定)，当初该法是为了防止疾病及感染的蔓延而将市区的污物焚烧，但之后该法的适用范围一下扩大到了普通的垃圾。不过，当时在日本还没有像今天这样大量的各类产品（化工产品），人们还没有意识到焚烧处理的问题。

但是现在的状况已是今非昔比了。

焚烧东西就是人为地使其发生氧化反应(化学反应)。如果这是在实验室里，化学反应可在慎重选择材料并在严格的温度控制下进行，其大致结果也是可以预测到的。但是，垃圾焚烧炉是一种无法控制的化学反应炉。其中有各种各样五花八门的垃圾混杂在一起，在各种温度下连续产生复杂的连锁反应，那是一个与均匀性及预测没有任何缘分的世界。即使产生了未知的有毒物质也无从所知。二噁英就是这样在无意中产生的物质，那也只不过是一个个例而已。垃圾焚烧处理既非常危险又很脏，是不卫生的处理方法，焚烧炉周围地区的居民出现的各种健康危害事例就是最好的说明。然而，在日本，政府方面从来没有做过关于焚烧炉与健康危害的正式调查。这与已经发表了许多调查报告的欧美国家相比真是大相径庭。

---

❶ 《防止垃圾处理产生二噁英类物质等的指南》(1998年，减少垃圾处理产生二噁英对策研讨会)。

利用最新的技术就可以分解二噁英吗？

很遗憾，这也不过是想推销焚烧炉的企业的宣传而已。

虽然有关方面宣传说"新型焚烧炉可有效分解焚烧中产生的二噁英"，但这却充分表现出这个行业的矛盾与自相冲突之处。新型炉附带的巨型有毒气体除去装置恰好表明了焚烧炉是产生大量有害物质的。二噁英在 800℃ 左右会被暂时分解，可是，当气体温度下降到 300℃ 左右时会轻而易举地再合成为二噁英，所以，要制止有毒物质的产生就只有制止焚烧处理。

先产生出有毒物质，再将那种"处理"作为销售产品——这种焚烧炉生意如果没有二噁英（垃圾）则不能成立。自己制造个问题，然后把那个解决方案作为一种谋生的手段，这叫作自导自演的碰瓷方式（match pump）。这种自导自演碰瓷方式则是二噁英生意的核心内容。如果二噁英分解技术是事实的话，那么恐怕就没有必要制定《关于持久性有机污染物的斯德哥尔摩公约》（以下简称《POPs 公约》）❶ 了。《POPs 公约》主要针对两种物质（大多数是农药），其中二噁英类和呋喃类这两种化合物是人们在垃圾焚烧处理过程中无意生产出的物质。《POPs 公约》的目的是要全面消除其中列举的持久性有机污染物，这就意味着要废除垃圾焚烧处理方式。

日本由产业、政府、学术机关共同推进的循环型社会的实质内容就是以焚烧处理为前提，对气化熔融炉、等离子熔融炉、RDF、灰渣熔融固化处理、袋式过滤器等进行技术开发。而民众要实现的未来社会蓝图是消除垃圾产生，终止焚烧炉处理，恢复绿色环境。因此，上述的循环性社会设想与民众的愿望是完全背道而驰的。而消费者也负有一定责任，我们使用一次性物品、丢弃垃圾毫不痛惜的习惯也纵容了垃圾处理行业向错误的方向越走越远。

---

❶ 正式名称为《关于持久性有机污染物的斯德哥尔摩公约》。在 2004 年 2 月第 50 个国的法国签署了该公约后，于 2004 年 5 月正式生效。POPs 是英文 Persistent Organic Pollutants 的缩写。

二噁英不可怕吗？

这部分将进一步说明二噁英的情况。

自然界原本不存在二噁英这种物质。❶ 这是以氯、碳、氧、氢等为原料在特定的温度范围内反应合成的结合力强且稳定的一种化合物。由于其原料是垃圾中普遍含有的物质，只要继续焚烧垃圾，二噁英就会不断产生。

二噁英在高温下，会暂时中断结合（该行业称其为分解），但当温度下降时会再次结合到稳定状态。

因此，由于二噁英类及呋喃类物质一旦生成就很难分解，所以二者被称作持久性有机污染物（POPs）。人类活动造就的这种"负面遗产"正在世界范围蔓延，给自然生态环境带来了严重的影响。尽管如此，大型焚烧炉厂商夸大其词，他们以经济发展至上主义和全球化趋势为名，在世界各地发起了推销焚烧炉的宣传活动。对此，反对垃圾焚烧处理的运动在全球各地也十分踊跃。在反对焚烧运动中打出的标语是"垃圾焚烧会产生有毒物质"。在反对运动的推动下，全面禁止二噁英类及呋喃类物质的《POPs公约》终于在 2001 年 5 月出台。日本也于 2002 年 8 月 30 日加入了这个公约。

然而，在日本国内，政府和产业界还在进一步强化焚烧主义观念，他们动用御用学者开始宣传二噁英的"安全性"。他们所云"柴火燃烧也会产生二噁英""二噁英自古以来就有""哪有什么健康受害之类的事情""不要为这一点状况就大惊小怪"等言论都是日本产业界和焚烧炉厂家操纵媒体宣传的一个重要组成部分。可是，无论怎么宣传，二噁英是人类制造出来的最凶恶的有毒物质是毋庸置疑的。

---

❶　二噁英可以从自然的燃烧现象产生，但其自然存在水平相比工业革命以来因人类活动而产生的量是极低的。——译者注

大区域处理及采用连续运转焚烧炉进行的垃圾发电利于防止全球变暖吗？

结论正好相反，没有比垃圾发电更浪费能源的了。

所谓"垃圾发电"（热能回收＝热能利用）是利用垃圾焚烧时产生的余热推动涡轮机旋转进行发电，是循环型社会的一张王牌。但是，推广垃圾发电的真实目的在于把垃圾发电改头换面说成"热能利用"，从而推进垃圾焚烧处理，呼吁对发电设备进行大规模投资。

进行垃圾发电时，就其整个处理工序来说，需要使用大量的能源，这样会加剧气候变暖，扩大污染。具体来说，要维持垃圾发电，就要用大量垃圾来维持处理设施连续运转，需要增加大范围收集垃圾产生的运输过程能源用量，需要大量的能源维持焚烧处理以及灰渣熔融固化处理，需要外部能源补偿低效垃圾发电的不足部分，需要不断维修处理设施，需要在短时间内翻建使用寿命较短的处理设施。上述这些情况都会加剧气候变暖。

此外，我们必须要认识到，垃圾焚烧处理不仅焚烧掉了废弃物，还破坏了制作产品的材料及能源，产生能源重复浪费。制造产品消耗掉的能源依靠垃圾发电是完全无法弥补的。据说垃圾发电的效率仅为 10%，最多能达到 25%，这种程度的节能比率，通过其他方式也可以做到。比如提高铝罐的循环利用率。美国民间团体的调研报告表明，制造铝罐需要大量的电力，通过循环利用就可节能 95%、减少 95% 的大气污染以及 97% 的水质污染。❶

另外，垃圾发电常常存在着爆炸和火灾的危险性。从 2002 年至 2003 年，福山市、秋田县、三重县、东京都、丰桥市接连发生了气化炉和灰渣熔融炉的爆炸及火灾事故。这些事故的调查结果几乎都是"原因不明"，即便如此，可怕的是焚烧炉依然在运转。恐怕其原因在于新型焚烧炉的特点是可以产生高温，垃圾焚烧炉在处理过程中会形成酸性气体，很容易腐蚀到泵及电线管道，而这些被腐蚀的部分有可能被气化的重金属引燃。到目前为止，还没有一个垃圾发电成功的案例。反之，建设垃圾发电项目是一种加速温室效应、高风险的选项。

---

❶　Solid Waste Handbook（固体废物手册）。

政府建设"循环型社会"是来推进回收利用吗？

相反，政府希望建设的是彻头彻尾的焚烧处理的社会。此事在《循环型社会形成推进基本法》已经作了明确阐述：即使焚烧垃圾，只要利用其余热发电就是属于循环利用（＝热能回收）。政府与上述法规一起推进实施的还有焚烧灰渣及焦炭的百分之百回收利用。后者也是以焚烧处理为前提制定的政策，其目的是通过回收利用垃圾建设循环型社会。据此推理，没有垃圾就无法建设，所以垃圾也不会减少。如果进一步推理，只要利用垃圾来发电，垃圾就不是垃圾而是资源（＝循环资源），"焚烧炉"则变成了"发电厂"。若公众一直没有注意到所谓"循环型"的实质内容，在十几年之后，"焚烧炉"就全部变成"发电厂"了，到那时政府也许会自豪地宣布"焚烧炉已经为零"了。

只有采取让生产者承担产品从生产到废弃的全部责任，并采取对废弃的产品恰当处理的体系，才能终止生产最终成为垃圾的商品。但是，日本政府无论对塑料容器还是对汽车轮胎，甚至对家电产品、电脑等电子废弃物（下述称之为电子垃圾），绝不想对生产厂家实行生产者延伸责任制度（EPR❶）。目前政府采取的机制是由消费者（行政）来承担产业界收集和处理垃圾的费用，而垃圾处理却由产业界来做，使产业界获取双重利益。同时产业界还将这些垃圾作为"资源＝有价物"出口到其他国家，进一步从中获利。

日本的产业界通常通过拉拢政界以公共事业（补助金）中饱私囊，如日本道路公团事业费弄虚作假以及优待相关同行业者等许多事件都已充分说明了这一点。这种现象之所以能持续，是因为这是一个谁都不需要对发生的问题承担责任的体系。造成这样的结果，其原因是纳税人没有试图了解真实情况，没有强烈要求纠正相关体系的问题。但是，垃圾处理与道路建设不同，因为前者会导致明显的环境恶化、健康危害，所以我们不能置若罔闻。只要公众不知道政府的政策性错误，不对政府说"不"，环境省今后就不会拆下"循环型社会"（＝垃圾焚烧社会）的招牌。

---

❶ EPR（Extended Producer's Responsibility），即生产者延伸责任制度。欧盟规定直到商品寿命终止为止，由生产者而不是消费者负担其废弃（包括废弃后）成本。

采用集中垃圾处理设施的大区域方式处理成本会降低吗？

恰恰相反，采用大区域处理计划会使垃圾处理成本增加。到 2002 年为止，垃圾处理设施建设费用（基本建设费用）每吨处理成本为 5000 万日元（以前是每吨处理成本 1 亿日元）。国家根据大区域处理计划规定市、町、村有义务配备气化熔融炉或灰渣熔融炉（在已安装常规焚烧炉的情况下），如果是 300 吨的焚烧炉至少总共需要 150 亿日元的费用。并且还需要花费大区域处理设施的大面积用地或者垃圾转运场地等用地费用。有的地区还需要修建新的道路。由于处理设施的管理运营费要市、町、村按比例分摊，所以这对小的地方政府会造成沉重的负担。固体垃圾发电则需要其他的制造设施和储藏站。

关于投产运行后的运行成本，由于要将分散在各地设施的垃圾运到大区域处理设施，其运输费（车辆费＋燃油费）也会很高。由于运输距离增加，一氧化碳及废气排放增加，周围居民的居住环境会恶化，但国家在制订计划当初就没有考虑这些恶劣影响。焚烧炉运行管理的劳务费也很高。新开发没有多长时间的气化熔融炉涉及高新技术，行政部门无法直接运营管理，需要投入高额费用聘请外部人员。

而且，熔融炉的运转还需要燃料费。所谓气化熔融炉"只是利用自身热量燃烧，不需要使用外部燃料"的说法不过是为了推销而已，实际上许多熔融炉需要使用大量的柴油或煤气作为辅助燃料。这被解释为"只是在没有达到理想温度的时候""只是垃圾数量不够的时候"。除此之外，还需要支付对炉子的定期检测费用，二噁英类用的浓度检测仪、分析用试剂、熟石灰、生石灰、袋式过滤器的更换费用，以及最终填埋场的渗水收集装置的维护管理费、覆土费等费用。

但是，即使支付了这些大笔费用，气化熔融炉也只能用 15 年。在完成大区域集中处理计划的平成十九年（2008 年），日本各地气化熔融炉的订货及建设均应该告一段落，之后政府又会打算再引进新的焚烧技术。所以，运行后如果很快就发生青森县弘前市的熔融炉烟囱爆炸事故或是岛根县的运营前停止运转的类似情况，即处理装置在启动之时就停止运转的情况，我们何以面对？

由神奈川、横须贺、三浦组成的共同体，在大区域化垃圾处理计划的准备阶段根据公众的要求进行了成本评估以及风险评估，其结果表明正在实现垃圾减量化的市、町、村如果采取单独处理方式，成本便宜，风险也小。根据这个结果，神奈川、横须贺、三浦共同体的负责人放弃了原来建立大区域联盟的预定方案。而其后市、町、村的动态则清晰地反映出了"大区域化垃圾处理计划"的费用到底有多高。

镰仓市放弃了大区域化垃圾处理计划，该市打算单独翻建今泉清洁中心（市里两个焚烧炉中的一个）❶，并在 2003 年 11 月进行了施工招标。然而，其中标价格仅为市招标底价的 14 亿日元的一半以下。参加招标的厂家共有 13 家，其中 10 家的投标价格均在 10 亿日元以上。市政府对低于招标底价的三家厂家的投标价格进行公示及评审，按照评审结果，确定由标价最低的五亿零八百二十万日元的厂家中标。当然即使低于标底价格一半以下，该厂家也可获利。如果那项目属于辅助金项目，那就意味着与其标底价格的差额（＝辅助金）就原封不动地归中标厂家获得。

如果镰仓市不是单独而是在大区域化计划中建设焚烧处理设施的话，即便不作声国家也会将其预定投资的二分之一即 7 亿日元作为辅助金支付给镰仓市。国家这种带辅助金的公共项目的总金额往往是民间项目的好几倍，这些事实说明国家在设定价格时肯定是把厂家的利益全部都加进去了。公共设施项目是按照国土交通省的单价表做成预算后去申请。然而，制作这个单价表的不是别人恰恰是厂家，所以项目费用从开始就已经是市场价格的 2 ～ 3 倍。由于厂家十分熟悉这样的情况，因此对于不带辅助金的"市单项目（＝市、町、村单独项目）"就用市场价格去投标。

另外，各地许多公共项目的招标总是出现事前约定价格的事件，也是因为这个价目表在作怪。如果追究这个问题，只要不将视线转向"根源"，就始终是就事论事而已。

---

❶ 通过与工会交易强行实施原来准备停止的项目建设。以"改建"为名，逃避了环境评价。

焚烧炉是按照严格的技术标准制造的，因此很安全？

焚烧炉产业的企业原本就是公害企业，是非常危险的领域。

2003 年 8 月在三重县多度町发生的垃圾发电厂储藏罐爆炸事故就充分说明了这一点。爆炸把巨大的铁制顶棚掀飞到了 50 米开外，在抢险作业中有两名消防人员殉职。在爆炸之前发生了火灾，爆炸发生之后大火持续了好几天都未能被扑灭，甚至出现了储藏罐险些倒塌的状况。染红天空的火焰不仅宣告日本首例垃圾发电项目的失败，同时也说明废弃物政策存在着根本性的错误。

在该发电厂，当作"燃料"燃烧的 RDF（Refuse Derived Fuel）❶是将垃圾经过压缩、干燥处理加工成蜡笔形状固态垃圾，把垃圾作为"资源"进行交易，并使之流通，这种做法完全吻合政府的意图。在此，RDF 不是作为垃圾而是当作"燃料"，因此这种做法等于鼓励公众大量排放那种"燃料"（＝垃圾）。

由于垃圾反正是混合搅拌做成块状，所以，既不需要分类也不需要循环利用。这样一来，公众当然就会失去减排垃圾的积极性，这也是"循环型社会"的特点。因为反正大型气化熔融炉需要大量的垃圾。

RDF 焚烧厂爆炸事故是由于政府和该行业没有认识到垃圾危险性的本质，以及盈利至上主义造成的。除此之外，在 2003 年，被称之为"最新型"的气化熔融炉及 RDF 发电厂的事故接连不断。并且报告显示发生了多起灰渣熔融炉爆炸及火灾事故，这表明政府及环境省的垃圾行政管理存在错误。然而，那些事故几乎都被称之"原因不明"，相关资料均没有被公开。所谓"严格的技术标准"是由企业集团与环境省相关的第三部门（即公私合营企事业单位）的废弃物研究财团以及社团法人一起制定的，由于其关乎各个企业利害关系，所以关键的信息均不公开。对于总是优先考虑企业利益的该行业来说，根本不可能考虑人及环境的安全问题。

此外，虽然大量处理厨余垃圾的装置不是焚烧炉，但与 RDF 焚烧厂一样会产生难以控制的发酵热，所以需要认识到其危险性。因此，不容置疑的是，与其引进大型厨余垃圾处理装置，不如考虑消除厨余垃圾的方法。

---

❶　RDF（Refuse Derived Fuel），即垃圾固体燃料。

彻底做到循环利用，尽可能焚烧残余的垃圾？

这是彻头彻尾的虚假说明。如果彻底做到了循环利用，焚烧处理则不成立，也就不需要焚烧炉了。

所谓可以循环利用的垃圾有纸张、布、木材、厨房垃圾等属于有机物的垃圾。这些有机物垃圾的最大特点是可以燃烧（＝可燃物）。所以，如果彻底做到循环利用有机物垃圾，就不再存在可焚烧物，焚烧处理则不成立。

"循环型社会"的做法是将垃圾可循环利用的事实掩盖，把可燃物都称作"发电燃料"，然后合法地焚烧掉，世上恐怕再没有如此倒行逆施的政策了。我们没有注意到这种掩盖做法也许是觉得焚烧炉需要"可燃烧的垃圾"，却忘记了理所当然的事情。我们需要重新想起无论什么样的焚烧炉（普通的焚烧炉也好，类似气化焚烧熔融炉那样的低氧焚烧炉也罢）肯定都需要相应规模的可燃垃圾。

另外，由于"循环型"是要均质垃圾，所以不能进行分类。如前面所述，RDF 的原料也需要将塑料、纸、生活垃圾等所有垃圾均匀混合后制作，但这恰好说明这种循环利用技术是一种典型的不为公众所需要的技术。因此，焚烧炉生产厂家是打算将"混合起来是垃圾，分类后是资源"的想法尽快从公众的记忆中删除掉。

焚烧炉的废水经过封闭处理会变干净？

所有经过焚烧处理产生出来的物质（焚烧副产品）都是被污染的物质。尤其是与灰渣同样危险的是在处理设施中使用过的清洗水和冷却水。越是大型的、高温的焚烧炉就越需要与其相匹配的大量的冷却水。冷却水大多由自来水管道供给，废水在经过处理之后，排放到公共下水道里。但是，对于使用后的污染水（不仅含有有害物质，还有高温的热污染）的去向以及环境影响，日本还没有制定特别的规定。虽然行政部门解释说"因为冷却水要循环利用，不会向外面排放（将它称作封闭处理系统）"，但是严格地来讲，不可能存在完全封闭处理系统，因此无法否定高浓度污染水悄悄地流到了地下及下水道的可能性。如果没有把污染排放到外面，我们是否可以进行彻底的验证呢？

在此仅举一例加以说明。荏原制作所是一家生产焚烧炉的大型企业，该企业下属的位于神奈川县藤泽市的工厂连续 8 年将焚烧炉的废水直接排放到下水道。1998 年环境省进行检查时才发现工厂附近的引地河河底检测出超标 8 100 倍的高浓度二噁英，从而揭露出荏原制作所的违法行为。这个事件充分说明了焚烧炉厂家自己的排水会被污染到何种程度。

然而，后续调查的报告却表明在下游的片濑海岸附近没有发生任何污染，鱼贝类也是安全的。这样一来，似乎就不必再追究污染水、污染物质的行踪及其环境影响的问题了。但是，该调查报告不过是为了避免人们对片濑海岸这个受人喜欢的海滩产生群体性恐慌而作出的"政治表态"。如同在印证这个情况一样，神奈川县过后对于此类问题全部委托企业进行"自主检查"，也没有进行现场调查，甚至没有提交调查报告。另外，政府尚未制定对于今后如何处理焚烧炉这一污染源的计划。那些拥有焚烧炉的众多行政部门和厂家，仍然不愿触及废水问题。

焚烧灰渣可作为建筑材料有效利用？

焚烧灰渣的再利用是最应该避免的危险行为。

只要持续焚烧垃圾，就肯定会产生焚烧灰渣。虽然有人说"焚烧后分量会减少"，但其重量仍为原来垃圾重量的三分之一或更多（基础重量，称为热酌减量）。由于在国土面积狭小的日本不断进行焚烧处理，从而导致日本已陷入了填埋场地严重不足的困境。因此，就产生了循环利用危险的灰渣解决这个问题的想法。作为"循环型社会"政策的一个组成部分，环境省要求义务配置高温（1200～1450℃）熔融固化处理焚烧灰渣的设施，将产生的熔渣用于道路施工以及混凝土骨材，推进灰渣的利用。

但是，在上述循环利用中，经过一段时间后，熔渣在阳光及风雨（尤其是酸性雨）的侵蚀下将劣化，其中含有二噁英以及有害重金属的有毒物质会溶入生活环境中。在英国，已有市民农园因使用了焚烧熔渣而引起了高浓度的二噁英污染，相关企业因此而被处以巨额罚款（详情请参照第四章《有害重金属》）。

日本政府要求对焚烧灰渣的固化做到义务处理是有意不让公众注意到焚烧炉会产生危险的有毒物质。如果大家注意到焚烧灰渣的毒性，一定会呼吁要求"禁止焚烧处理"。

不使用有毒的材料，不采用产生有毒物质的技术，摆脱社会制度的束缚——这才是健全的社会常识。但是，现如今的政府环境部门的表现好像连最起码的社会常识都不具备。公众也许至今仍然认为政府及行政部门"理应不会做那样的坏事吧"，但是，现实的情况证明公众的想法只不过是幻想而已。因此，如果从直觉上感到焚烧灰渣的处理有"不对劲儿"的问题，就要彻底追究。

引进焚烧炉利于地区的发展？

日本的地方行政仍然由有强烈开发欲望的、以权谋利的官员操控。从前主张引进焚烧炉的大多是推进引进公共设施的传统型当地权威人士，除此之外，特定的政党人士、地方自传体的首领以及议长也利用其地位来主张引进。引进派总是把"利用公共项目推进地区发展"挂在嘴边，但实际上到了建设计划制定出来的时候，那个地区就已经被推到了崩溃的边缘。

预定用地通常会选择人口稀少的农村及山区，所以首先遇到的问题是担心收获的农作物会滞销。在琦玉县所泽市发生二噁英污染问题时，因流言蜚语的影响农作物滞销，当地农民把电视台告到了法院。虽然一审被驳回，但焚烧炉周围的确存在着污染问题，其实农民们应该对产业废弃物处理公司和环境省提起诉讼才对。但是，这一事件足以证明焚烧炉不利于地区发展。

另外，为了推进大型辅助金项目，有关方面甚至不惜采取拉拢当地居民以及采取笼络手段，致使当地居民不合、互相不信任。"区域振兴"只会让焚烧炉厂家高兴，居民之间因对计划的看法不一致产生分歧，人际关系恶化，当地社会被瓦解。结果，有知识和问题追究能力的居民产生了厌烦情绪，逃离了项目建设预定地区。

可是，因为地方社会是由人组成的，所以如果有能力应对问题和有勇气的人都拂袖而去，那将是很悲惨的事情。由于健康危害和污染逐渐蔓延，仅仅靠辅助金经济是不能自立的，恐怕该区域的衰退只是时间的问题了。

如果考虑着眼于环保及健康的真正意义上的地区振兴，先决条件是要改变优先引进公共事业项目的"向钱看"体制。

垃圾处理方法只有焚烧？

在日本垃圾焚烧处理是最普通的做法，是否大家因此认为其他国家也是这么做呢？实际上在世界上，只有日本的垃圾焚烧处理比率占到了 80%～90%。这么个小小的岛国却拥有了世界上三分之二数量的垃圾焚烧厂。如果用站在反对焚烧处理运动前列的著名美国化学家 Paul Connett 博士（纽约圣劳伦斯大学化学系教授柯保罗博士）的话来说，"日本患上了疯焚病（借用疯牛病的说法）" ❶。

国外发达国家主要采用填埋方式处理垃圾。但是，十几年的许多研究证明填埋处理方式也是非常危险的。填埋处理后产生的沼气会加快全球变暖，除此之外，还存在着填埋场附近患病率以及死亡率偏高的问题。

欧盟对这种形势十分担忧，终于发出了分阶段废除垃圾填埋处理方式的指令（第六章）。同时为了配合实施《POPs 公约》，打算战略性地控制垃圾的产生。具有讽刺意味的是，该指令使欧洲各国兴起了修建焚烧炉的热潮。生产厂家竭力宣传减少填埋量的最佳方式是采用焚烧处理，而这种宣传似乎已起到了一定作用。在欧盟被认为循环利用率最低的英国提出了数量最多的焚烧炉修建规划。然而最具讽刺意味的是在英国最先兴起了反对焚烧处理运动，而且这样的反对运动已经遍布整个欧洲，并漂洋过海扩展到了世界各地。

时代的确正在朝着"非焚烧处理""不填埋处理"的方向发展，因为不这样做地球公民将无法生存下去。问题是焚烧处理规模最大的国家——日本的民众正在被培养成"必须焚烧处理"这个"神话"的最忠实的信奉者。

实际上垃圾不焚烧也能处理。但需要遵守 3 个原则，即：①避免产生垃圾排放源；②进行完全分类；③由地方公共团体（市、町、村）在小范围内进行处理。

此外，应禁止使用难以回归自然的有害物质，禁止制造石油化工产品，将有机垃圾和无机垃圾完全分类后彻底做到循环利用，将生活垃圾用发酵等方式自行处理。采取这样的做法只需要简易技术、低成本，可减少 80% 的垃圾。在世界各地积极参与"零废弃运动"的地方政府大体也都是采取这样的方针来

---

❶ 引自 2003 年 3 月在马来西亚的槟城举行的反对焚烧处理派的机构和个人的世界性网络 GAIA（Global Anti-Incineration Alliance/Global Alliance for Incineration Alternatives）全球化大会上的讲演。

制订相关计划。其中最重要的是对公众的"教育"。

　　但是，由于这种做法没有给产业界带来任何好处，日本的产业界在《循环型社会基本法》中添加了①放松限制、加强设施的配备，②统一回收、混合焚烧，③大区域化、私营化的内容，把相关的国家政策项目置于无法恢复到该法规实施前的状态。许多与焚烧炉相关的说法无非是确保企业从公共事业项目中获取利益的策略。尤其是最近几年（特别是"二噁英风潮"之后），企业界误导居民的手法变得更加复杂，所以我们纳税人需要从本质上来考虑问题。

　　环境省声称"仿照自然状态使垃圾循环"，但自然状态是不焚烧垃圾的。仿照自然状态的最佳处理方法是减少多余物品以及有害物质的生产，不采用加热处理，使垃圾完全回归大自然。考虑到我们所处的地球生态环境，除此之外别无选择。石油是各种化工产品的原料，同时也与天然气同属重要的能源来源，全世界的人们正在认真探讨能源枯竭以及"用完石油之后"该怎么办的问题。总之，日本采用的"焚烧殆尽"的处理方法是致使能源枯竭恶化的最坏选择。

第二章

看不见的危险

当剥掉"安全神话"的外衣，我们会看到焚烧炉的真正面目。它是物质的破坏设施，是产生有毒物质的设施，并且是在大气中到处散布有毒物质的设施。这才是世界范围内的"常识"。

这个"常识"与日本的常识大相径庭的是在日本除了"安全神话"之外，还有掩盖现实情况的各种障眼术。例如：许多焚烧厂被叫作"某某清洁中心"，以此来迷惑公众，而其名称恰好与实际情形相反（最近叫作"某某能源中心"的名称开始多起来了）。因为不明真相，到与焚烧厂建在一起的温水游泳池去游泳，或是组织中小学生到清洁中心进行"社会参观"的学校也不乏其例。毫无戒备地把最容易受到有毒物质侵害的孩子们带到危险地带去，这种"愚蠢粗鲁行为"不是由于没有得到足够信息，就是无知造成的。公众的这种无知以及漠不关心有时甚至会把政府直接引向战争 ❶，因此"无知"是非常致命的。

从焚烧炉里排放出来的有毒物质（叫作焚烧副产物）主要含有下列物质，并且全都具有毒性。

· 废气。

· 焚烧灰渣：又分为底灰（Bottom Ash）和飞灰（Fly Ash）。

· 炉渣（熔渣）：气化熔融炉将灰渣直接熔化后固化，作为炉渣回收。

· 清洗除尘装置产生的废水：一部分经过脱水处理后，做成了滤饼。

焚烧副产物具有的毒性本来来自垃圾包含的有毒物质以及其化合物（重金属、PCB❷），最难办的是在焚烧炉中形成的恐怕有数千万种甚至更多的无法鉴定的化合物。二噁英类以及呋喃类的化合物也是在这种"并非有意"的情况下产生出来的物质。焚烧副产物通过各种渠道被排放到大气中，因无法分解，便不断地蓄积、扩散和被浓缩，不久后就通过各种渠道被摄入到人体中。在那些有毒物质中，现在最令人担心的是二噁英类有机化合物，汞、镉等这些具有代表性的重金属类物质，酸性气体以及颗粒物（PM）。

在这一章里，本书针对日美政府对焚烧炉的危险性采取的对策以及公众的认识进行了一下对比。附带说一下，在侧重"不告知"方式的日本，几乎没有从学术角度研究、分析焚烧炉危险性的资料。

---

❶ 除环保问题外，本书作者还关注和调查日本政府及军队的战争罪行问题。——译者注
❷ Polychlorinated biphenyls 的缩写，意即"多氯联苯"。——译者注

1. 美国 EPA 制定的《焚烧炉管理规定》

首先，让我们通过美国环保署（Environmental Protection Agency，以下称 EPA）的网站看一下美国对垃圾焚烧采取的措施。由于说明焚烧炉管理规定的文章既短小又通俗易懂，在此对其全文做一下介绍（旁线是笔者标注的）。

去除空气中的有害物质

EPA 制定了限制焚烧炉排出特定大气污染物质的最终规定。该规定对新建的垃圾焚烧炉进行排放限制，根据《清洁空气法》（Clean Air Act）对现有 129 个焚烧厂制定了排放指导方针。

普通废弃物焚烧炉最终规定 ❶
普通废弃物焚烧炉包括垃圾焚烧炉和垃圾发电厂设备。

EPA 最终规定适用于日处理能力为 250 吨以上的所有焚烧炉（大型城市废弃物焚烧厂）（另外目前正在制定有关小型焚烧炉的规定）。

焚烧炉会排放镉、铅、汞、二噁英、亚硫酸气体、氯化氢、二氧化氮以及颗粒物等多种污染物质。其中，二噁英和汞的毒性强、难以自然降解、可在生物体中积累，尤其令人担心。

因此，EPA 规定对于新的焚烧炉按照 MACT 规定 ❷ 制定了严格标准，还对目前现有的焚烧炉规定了排放标准。

由于该规定适用于大约 164 座普通废弃物焚烧厂，因此大幅降低了有毒物质（二噁英、铅、镉、汞等）的排放。与 1990 年的排放情况相比，二噁英减少了 99%，汞减少了 90%，其他的大气污染物质（包括亚硫酸气体、颗粒物、氮氧化物、氯氧化物）年排放量预计将减少 9 万吨以上。

关于医院、诊所的传染性废弃物焚烧炉的最终规定 ❸
★所谓医院、诊所的传染性废弃物是指对人或动物在诊断、治疗或

---

❶《城市垃圾焚烧最终规则》（Municipal Waste Combustors Final rule）（1995 年 12 月 19 日公布、1997 年 8 月 25 日修改）。
❷《清洁空气法》（CleanAir Act），《清洁空气法》制定了有害空气污染物质的排放限制标准。
❸《医院/医疗/传染性废弃物焚烧炉最终规定》（Hospital/Medical/Infectious Waste Incinerators Final rule）（1997 年 9 月 15 日公布）。

者采取预防措施时产生的固体废弃物，包括注射针头、纱布、容器、包装材料。使用焚烧炉焚烧的占所有医疗废弃物处理设施的半数以下，并且只是极少数的敬老院、药剂研究实验设施和宠物医院等。

★在焚烧过程中，含有二噁英、汞、铅、镉的有毒大气污染物质会被排放到大气中。

★EPA规定对新建的医疗废弃物焚烧炉制定了一系列排放标准，对现有的焚烧炉制定了另外的标准。其中对二噁英、铅、镉、汞等9种污染物质设定了排放上限。另外，对焚烧炉操作人员的培训以及新建焚烧炉选址规定了必要的条件。

★据推测，该规定适用于大约2400座焚烧炉。按照此规定，二噁英、铅、镉、汞等有毒物质的排放预计一年可减少25吨以上。从现在起预计二噁英可减少90%以上，其他的大气污染物质（悬浮颗粒物、一氧化碳、氯化氢）的年排放量也预计可减少7 000吨以上。

2002年5月29日

（http://www.epa.gov/oar/oaqps/takingtoxics/p3.htm）

2. 美国采取"告知方式"，日本采取"不告知方式"

通读一遍上述美国法规之后，不由对其坦率及通俗易懂的内容感到很惊讶。对此，我们不能简单地以国家不同则法律法规也不同而一概而论。对于了解日本法令及制度的表述复杂怪异、难懂、有意隐瞒最重要内容的人来说，该法规简明浅显的表述会令人感到惊异。下面将美国焚烧管理规定与日本的实际状况（《废弃物处理法》等）进行对比分析。

公害设施与安全设施

首先最大的区别是美国政府明确承认焚烧炉排放二噁英及有害重金属等有毒物质（＝公害来源）的事实。而在日本，如同"安全神话"宣传的那样，焚烧炉作为安全设施，被建在城市以及人口密集的地区，因此政府当然不会主动告知其危险性。并且，在《循环型社会基本法》出台之后，焚烧被指定为唯一的合理处理方法。由于垃圾的全量焚烧（作为"燃料资源"）还在加速，所以政府尽可能掩盖从焚烧炉里排放出来的数以公斤计的汞、镉的情况。

当政府公布危险状况时，通常是在企业已经准备公布新的"先进技术"的时候，就像二噁英的"处理技术"那样。早在20世纪80年代前期就出现了垃圾焚烧炉产生二噁英污染的问题，但政府一贯持否定态度，直到1999年发生了"所泽二噁英事件"才不得不承认。然而，那不过是利用电视媒体佯装偶然发生，实际上是预先安排好的时机。因为就在此前，由主要厂家采用"先进技术"生产的气化熔融炉几乎已全部准备就绪。❶

在美国只要有新的焚烧炉计划提出来，就会爆发跨地区的强烈反对运动，其结果几乎都是不得不停止建设。究其原因在于政府制定的"众所周知"的方针以及公众达成的焚烧危险的共识。因此，可以说正确的知识就是力量。

在日本负责垃圾处理的政府职员以及热衷循环利用运动的人们似乎尚未认识到焚烧炉本身的危险性。之所以这样，是因为担任政府咨询顾问的大致都是焚烧炉厂家以及咨询公司。但是，对于通过垃圾增加和订购焚烧炉盈利的厂家和咨询公司来说，真正的垃圾减排政策是"麻烦的事情"，因此他们为了推销

---

❶　参照拙著《垃圾处理大区域计划》（2000年筑地书馆出版）。

焚烧炉不惜掩盖事实真相，并散布"安全神话"。把这样的行政机构当作"合作伙伴"的市民团体也会间接地相信那些"安全神话"，并且容易被误导，认为先进技术会解决安全问题。

单一法令的管理规定与复杂模糊的法律制度

美国已把对焚烧炉的管理规定及标准都统一纳入《焚烧炉最终规定》中（对于垃圾本身则按照《资源保护及恢复法❶》（RCRA）执行。然而，在日本却没有像这样的焚烧炉管理规定。对整个垃圾处理制定的《废弃物处理法》中，没有对焚烧炉的废气及废水作出具体规定，而是由其他法律法规去做具体规定（在不同类别的法律法规中，有关废气的是《大气污染防止法》，有关废水的是《水质污浊防止法》及《下水道法》，关于土壤的有《土壤污染对策法》等）。只有对二噁英在《二噁英指导方针》中制定了排放上限规定，但也不过是个通知而已，并不是法令。

可是，日本的《废弃物处理法》本来就很长，再加上这些年接二连三地制定了各种循环利用法、《特别措施法》《国际公约关联法》《循环型社会基本法》，使得废弃物处理的法规体系变得非常复杂，内容繁多，不容易理解。除此之外，在各种法令的基础上，还附带复杂奇怪的详细施行令、施行细则，同时还大量发布了法令之外的通知、通告及各种指导方针，并且还不断进行修改。如此一来，无论什么样的官僚都不可能掌握法律法规的整体状况。当笔者提出一些深层问题时，连环境省的职员也回答不上来，数日之后得到是完全所答非所问的回答。反过来说，遇到问题时可以有意给出完全不同的解释。日本的废弃物法律制度与行政机关一样，一言以蔽之就是机能不健全。

正因为如此，废弃物处理法与个别法的整合性也存在问题。例如《大气污染防止法》中，对 13 种有害物质❷制定了标准，并且作出了严格规定：如果超过标准，就会被勒令报废相关设施，如不遵守法律规定将受到处罚（刑事处罚）。按理说焚烧炉也适用该法规的"煤烟发生装置"，但实际上几乎没有因违反大气污染防止法而停止运行的焚烧炉。由此看来，该法规形同虚设。

---

❶ 《资源保护及恢复法案》（Resource Conservation and Recovery Act，RCRA）EPA 对产品"从摇篮到坟墓"进行严格管理，宣传禁止弃置有害废弃物、保护天然资源及能源。
❷ 硫氧化物、氮氧化物、碳氢化合物、烟尘（SPM）、排烟指定物质（镉和其他合物、氯和氯化氢、氟和氟化氢以及氟化硅、铅和其他合物、氨、氰化合物、二氧化硫、硫化氢）。

能够印证这一点的是对焚烧炉的环境影响评价。虽然有许多市、町、村在建设焚烧炉时都做评估调查，但调查报告中没有焚烧排放气体、预想的重金属排放量及种类的项目。而且根据规模和具体场合，有时甚至可以不做环评调查❶，所谓环评调查只不过是有名无实的走过场而已。这正是因为环境省认可的不是型式采购而是机能采购的环评调查，其目的是保护企业的利益。这样，成套设备厂家就可以不必回答这些问题。

由于焚烧炉是危险且特殊的设施，所以制定通俗易懂、严格单一的法律法规是非常实用的。复杂、难懂、无时效性的现有法律法规，在所有的阶段都只是在迎合该行业希望宽、取消限制规定的要求。这也与害怕信息公开、完全不愿意承担责任的官僚们的利害关系是一致的。

用重量表示与用浓度表示

美国对焚烧排放的有毒气体要求用重量表示。正是因为是重量才能设置上限（因为累积值一目了然），对于超标的焚烧炉可马上勒令停止运行。

而在日本，政府对排放的气体要求用浓度表示（每 m^3）。但是，没有比浓度再难懂、难以掌握实际状况的了。排放的气体体积会随温度变化而变化（在高温下体积膨胀），在不同测定地点的数值会产生变化。此外，测定方法及采样方法有很多都是作为企业的技术专利没有被公布过。至于最重要的计算方式，按照JIS（日本工业标准）规定可以不公开（付费后可以公开）。如果不能在所有的阶段得到客观的数据，即使存在违反规定的情况，公众也无法发现。

行政机构对焚烧炉做了定期排放气体调查之后会如此公布调查结果："由于二噁英测定调查结果显示均未超标，可以放心。"但是，只要公众（包括行政机构）无法对其数值的正确与否进行验算，即使出现虚假的数值也照样畅通无阻。除了有焚烧炉因为二噁英超标被停止使用以外，其他焚烧炉几乎没有因超过排放气体标准而被勒令停止运行的。由此可以看出，"用浓度表示"是如何助长了掩盖事实，又如何保护了焚烧炉厂家及产业界权益的。因为用浓度表示无须显示总计和累计的数值，与上限及标准值无关，所以从理论上来说可以无限制排放。若用易于直感的公斤和吨的单位来表示排放出来的有毒物质，无论什么样的问题都会显而易见。

---

❶ 镰仓市于2003年确定翻建焚烧炉，尽管进行了只留下外墙、里面的设备全部做了更换的大型改建施工，行政机构却以"些微的改建"为由，没有实施环评调查。

"有害垃圾焚烧炉"与"什么都混合焚烧"

　　美国设置了"医疗垃圾焚烧炉"的类别,并制定了比一般垃圾焚烧炉还要严格的标准(此外,还有"有害废弃物焚烧炉"的类别)。众所周知由于医疗垃圾大多含有塑料类、汞、PVC(聚氯乙烯)等,所以,焚烧后会产生更多的二噁英及重金属(尤其是汞)。因此,政府要求医院、厂家等产生有害废弃物的企业单位自行负责处理废弃物,并要求这些单位重点注意其建设场所。这是垃圾处理行政管理的基本准则。

　　然而,日本没有对"医疗废弃物焚烧炉"和"有害废弃物焚烧炉"进行分类,焚烧炉只分为两类。一类是公众扔掉的生活垃圾称为一般废弃物(以下简称为一废)焚烧炉,另一类是产业界产生的垃圾称为产业废弃物(以下简称为产废)焚烧炉。

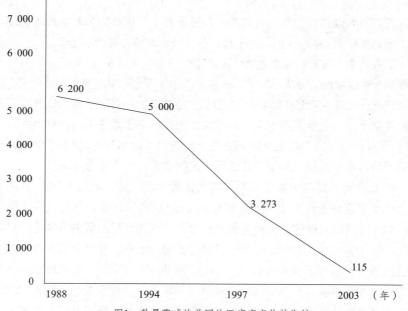

图1　数量骤减的美国的医疗废弃物焚烧炉

　　1996年起,美国新增加的医疗废弃物焚烧炉数量仅为7座,远远低于EPA预测(1995~2000年)的700座。

　　出处:编辑Jorge Emmanuel, Ph. D., USEPA2000b; USEPA1988; USEPA1996; and USEPA1994

　　在一废及产废中有"特别管理一般废弃物"和"特别管理产业废弃物"的

项目❶，仔细考虑一下，奇怪的是对于处理那些废弃物的焚烧炉没有设置"有害废弃物焚烧炉"的分类，也许政府害怕如果加上"有害"的字眼会引发公众的反感及忧虑。

但实际上一废和产废是被混合焚烧（以下简称为"混烧"）的。实行"大区域集中处理计划"之后，气化熔融炉成了焚烧处理的主流，加上实施《循环型社会基本法》后，采取了"燃烧的垃圾＝燃料"的做法，混烧现象进一步加剧。

另外，都道府县自己制作产废焚烧炉，并称之为"公共参与"，廉价为企业提供产废处理服务。这表明日本的相关行业和政府完全没有认识到焚烧有害废弃物的危险性。《循环型社会基本法》标榜的振兴废弃物产业，实际上是把垃圾处理作为"盈利的生意"，即垃圾已完全被当成了商品。更不幸的是，甚至连严重的环境危害也被置于经济活动之中。现在，已开始出现要设置"有害废弃物焚烧炉"类别的迹象，不过，这也是企业推销设备的借口，不会真正有助于减少有害物质的排放。减排归根到底是要做到"非焚烧"。

"焚烧炉"？"发电站"？

另外，在美国的管理规定中，焚烧炉就是焚烧炉。同时还明确规定"垃圾发电成套设备"也是焚烧炉。然而，在日本却大不相同，与垃圾发电设施同时配套设置的焚烧炉已不再是焚烧炉，而是摇身一变成了"发电厂"。

在 2003 年 8 月发生爆炸事故的三重县的设施❷也没有被称作焚烧炉而是被称之为"垃圾固体燃料发电厂"。在看到审议这个问题的当地议会的记录时，令人吃惊的是这个设施原本需要的焚烧炉建设许可证和执照均被免除，管理发电站的富士电机（株）也没有废弃物处理行业的许可证。

《循环型社会基本法》出台后，垃圾被说成"资源"，焚烧炉被说成"发电厂"，而且这种"改头换面的说法"正在迅速扩大。例如，2001 年东京电力在横滨兴建的日本第一座大型 PCB（多氯联苯）处理设施就叫作"TEPCO 横滨循环利用中心"。从这样的名字看，恐怕谁都不知道那是处理有毒物质 PCB 的危险设施。名不副实的名称起得越多，出现在我们身边的日常危险情形就会越多。冠以名副其实的名称也许就是解决问题的第一步。

---

❶ 在 2000 年的修改规定了"特定有害一般废弃物"和"特定有害产业废弃物"。其区分按照有毒物质的含量来确定。但是，其测定方法复杂难懂，其时效性令人怀疑。

❷ 如前面所述。

3．焚烧炉产生的有毒物质、美国 EPA 的清单

如上述所述，美国 EPA 对焚烧排放气体中包含的 13 种污染物设定了排放标准，并适用于新建的焚烧炉（叫作 AP-42A）。如果将其按照排放量多少顺序排列，则是：①二氧化碳（CO_2）、②颗粒物（PM）、③硫氧化物（SO_x）、④氮氧化物（NO_x）、⑤盐酸、⑥一氧化碳、⑦汞、⑧镍、⑨铬、⑩铅、⑪镉、⑫砷、⑬二噁英类及呋喃类物质。

恐怕没有人对排放物中含有一氧化碳、硫氧化物、氮氧化物或者二噁英类物质提出异议。可是也许有人会问为什么会含有铬、汞之类的物质呢？殊不知这些有毒物质每天都会从焚烧炉里排放出来，这一点也是"国际常识"。

下面列举的数据表是美国的某个市民团体 ❶ 根据 EPA 标准制作的。其表示的是日处理能力在 100 吨（年处理能力 36 000 吨）的"缺氧焚烧炉"在低氧或者无氧状态下，焚烧垃圾的设施，即气化熔融炉，在一年中排放多少污染物质。在世界上最大的消费国美国，垃圾排放量也是世界上最多的，但其中大多数采用填埋方式处理，其焚烧炉的数量比日本要少。但是，随着全球化的发展，在美国安装气化炉的压力越来越大，所以许多市民团体冷静地分析了其危险性，并通知公众。

表1　从缺氧焚烧炉／气化炉排放的污染物质（单位:磅／吨）

污染物质	无限排措施	带ESP（电除尘器）
颗粒物	125 195	12 702
硫氧化物	117 895	*
氮氧化物	115 340	*
盐酸	78 475	*
一氧化碳	10 913	*
汞	204	*
镍	201	37
铬	121	22

---

❶　环境保护联盟（Blueridge Environmental Defense League）。

污染物质	无限排措施	带ESP（电除尘器）
铅	103	—
镉	88	17
砷	24	4
二噁英类／呋喃类	0.11	0.14

＊与无排气装置的焚烧炉相同（1磅＝453.6 g）

　　表格右栏为配备了废气排放控制装置（ESP），左栏为没有配备的不同情况。该ESP（电除尘器）在焚烧炉中是产生二噁英的元凶，在这之后全都更换成袋式过滤器。虽然这个表只是理论数值，但仅看该数据表，排气中的二噁英增加了，铅好像全被去除掉，而六类物质的含量没有变化。

　　但是，重要的并非废气排放控制装置的优劣与否，客观存在的事实是焚烧炉每年都会向大气中排放几公斤上述污染物。污染物在大气中蓄积，侵入人体里，然后被浓缩，会引起下文将介绍的各种健康危害。

　　对于一般的企业，如果一年排放出35 000公斤的盐酸、92公斤的汞、46公斤的铅，其工厂则将无法继续经营（将上述100吨级炉子的排放数值换算成公斤），并会因违反公害防止法而遭到揭发，受到处罚，甚至会被吊销营业执照。但如果是焚烧炉，只要控制在规定范围内，则不会受到任何处罚，即焚烧炉排放污染物质是被默认的。

　　请读者以此表为依据，计算一下你所在地区焚烧炉排放有害物质的数量。

　　例如，你家附近有两座300吨的焚烧炉，没有设置废气排放装置，假设它在20年里不停地运转，通过计算会得知，这两座焚烧炉一共向周围排放828公斤铅、1 638公斤汞。当然，因风向及地形的影响会产生变化，但焚烧炉制造了本来自然界不存在的有毒物质是无法改变的事实。焚烧炉越大，其排放污染物的数量越多。如果焚烧设施及处理厂集中在县及市的交界地区，如果是不通风、污染易于蓄积的山谷深处，如果是市、整个县，这样去扩大假设条件的话，一想到其问题的严重性就会令人感到不寒而栗。

　　日本的焚烧炉喷吐出的有害物质在数量上恐怕已远远超过了污染蔓延的20世纪六七十年代。不仅在数量上，在质量上也更加复杂更加严重。然而，当时的公害主要集中在矿山、煤矿、联合企业等局部地区，谁都会看得很清楚，与之相比，采用"稀释""扩散"技术手法的焚烧炉，其污染无色又无味，几乎很难察觉到。

　　另外，在这里没有提到，焚烧炉还排放其他的重金属，像锌、铜、铝等和POPs 类以及大量未知的有毒物质。还有，日本没有把焚烧处理排放的汞作为限制对象（详情请参照第五章）。

4．通过“飞灰混合处理”了解日本和美国的实际状况

众所周知，垃圾焚烧炉的灰渣，尤其是飞灰的毒性最强。但是很少有人知道飞灰包含的毒性与废气中含有的有毒物质的数量成反比。想一想也没什么奇怪的，如果烟气净化装置的效率高，确实废气中的有毒物质会减少，可是过滤器等捕获的有毒物质却没有“消失”，只是转移到了焚烧灰渣及飞灰里。因此，焚烧灰渣具有很强的毒性，如何处理焚烧灰渣成了任何一个国家在焚烧处理上的最大问题。为了说明焚烧灰渣的毒性强度，在此介绍一下之前所述的市民团体制作的数据表，这也是焚烧炉残余灰渣与背景土壤（background）重金属含量的比较表（见表2）❶。

通过该比较表，可一目了然地看到焚烧灰渣所含有的有害重金属的数值的确差距悬殊且高得离奇。

表2　重金属调查结果（百万分比率）

	纽约州锡拉丘兹市、奥格登·马丁（Ogden Martin）焚烧炉990t/d	纽约州Hudson Fall福斯特·惠勒（Foster Wheeler）焚烧炉	美国一般土壤平均值
铅	1 400ppm	2 560ppm	35ppm
镉	40.1ppm	60.3ppm	0.30ppm
汞	4.3ppm	4.1ppm	0.18ppm

但是，这个表表示的不仅是数值，也透露了美国EPA向产业界屈服的情况。

在本章里，当提到美国的制度时只是将其单纯地作为比较对象，绝不意味着美国的制度有多么优越。无论哪个国家，其法令及社会制度都是在与公众、行政、企业的权力关系抗衡中确立的。其中当然有各种历史背景，也暗藏着各种缺陷和问题（即使扣除这些因素进行比较，日本的制度也过于糟糕）。尤其是由于环保法律法规会给企业经营活动带来巨大的影响，因此无论在哪个国家，企业都会强烈抵制。1995年EPA局长Carol Browner在实施灰渣毒性试验之前，向焚烧炉管理者❷签发了把焚烧底灰和飞灰混合处理后填埋的许可。该行业对

---

❶ 《气化熔融炉对焚烧和健康的影响》，蓝岭环保联盟（Blue Ridge Environmental Defense League）。
❷ 主要指垃圾处理行业。美国的垃圾处理几乎都已私营化了。

此表示非常欢迎。在此之前，因只有占残余灰渣 90% 的焚烧底灰（Bottom Ash）可直接填满，有毒物质含有率高的飞灰（Fly Ash）的巨额处理成本一直困扰着焚烧行业。如果将这两种灰渣混合，其毒性值会下降，然后可以全部填埋，这样该行业的利益就会大幅提高。该事件反映出美国 EPA 与焚烧炉行业的紧密连带关系。

但是，该许可的签发演变成了席卷美国全国的争论。其中对混合灰渣的安全性抱有疑问的公众，采集了作为覆土用的灰渣送到了检测机构进行化验分析，发现了高浓度污染。上述的数据表正是其分析结果的一部分。

当公众知道了 EPA 宣称安全的混合处理到底有多危险后，其便积极地展开了反对垃圾焚烧处理的运动。针对混合焚烧的灰渣问题，企业与公众、政府展开了正面交锋，并将反对运动的发展方向引向了停止、终止焚烧炉处理，加强限制的方向。此后，美国许多的焚烧炉被报废了，新建的焚烧炉也难以得到批准，这些变化都是公众反对运动的结果。在美国还没有一座商业规模的气化熔融炉❶，这也是公众坚决反对的结果。然而，美国开发的气化熔融炉技术却出口给了日本，日本似乎成了这些新技术的试验场（另外，日本企业从德国也引进了新技术）。

在日本，环境省想把与"垃圾"同等的熔融灰渣当作"循环型"的"大米"来流通，并在公众毫不知晓的情况下，迅速作出了焚烧灰渣和飞灰混合处理的指示。这就是 1997 年制定的《二噁英指导方针》的通知，该通知的最主要目的恐怕是要回避"焚烧灰渣引发的问题"。政府要求各企业原则上有义务设置气化熔融炉或者灰渣熔融炉，其目的在于不用把焚烧灰渣分为飞灰和底灰，而是加工成"熔融渣"就可以了。❷之后，市、町、村都用大区域处理设施、私营气化熔融炉、灰渣熔融炉来处理灰渣。按照一般推测，处理灰渣得到的最终产品为熔渣，将其与高炉炉渣（水泥材料）等混合后，应该按照环境省的指示，优先用于公共事业上，但实际上相关部门对使用情况既没有记录也没有统计。政府对于公众提出的制作炉渣使用总账的要求采取了无视的态度。

如果把灰渣中的有毒物质用玻璃状的物质封闭住，也许人们可以暂时对眼前的毒物视而不见，然而被封闭的有毒物质并没有消失，随着时间的推移，其必定会再次释放到大气之中。在国外实际上已经发生了类似的事故。

---

❶ 与如前面所述相同。不过，Paul Connett 等美国的活动家们也都如此陈述。
❷ 《关于垃圾处理的二噁英类减排对策》（1997 年 1 月通知）中，规定"在新建垃圾焚烧设施时，原则上要设置焚烧灰渣、飞灰的熔融固烧设施"。

日本的政府部门和企业之所以能够使人感到日本对废弃物的处理已超过了美国，是因为很少有公众始终关注相关事情。在日本，由于公众甚至还在对灰渣熔融炉的设置（意味着灰渣的混合处理及再利用）、"循环型"表示欢迎，这说明"安全神话"这一信息宣传是相当可怕的。

政府公布的与"技术"相关的法令及通知，不是由既没知识又没设施运营经验的官僚制定出来的，大多数都是委托有技术信息的外部企业及财团制定的。例如，二噁英指南就是由焚烧炉厂家、政府官员OB（原政府官员）组成的废弃物研究财团制定的。之后，国家与企业之间的协作变得更加紧密。现在的做法是将巨额预算拨给独立行政法人国立环境研究所，然后大多采取由大企业和政府共同研究的形式。

5．焚烧炉与健康危害

2003 年 11 月英国环保活动家 MR. Ralf Lidar 寄来了由以下这段文字开头的邮件。

"根据 2000 年出版的英国一般废弃物焚烧炉的调查研究显示，居住在焚烧炉 5 公里之内的孩子们的白血病和癌症的患病率要比其他地区高 2 倍。Jerry Dalton 博士说：'与成人相比，孩子们体内的解毒系统无法很好地发挥作用，无法对摄入身体里的有害化学物质进行分解。''因此当他们接触有害物质后容易患白血病以及婴幼儿癌症。'因在焚烧炉周围地区发生了多起先天性障碍的案例，其已成为严重问题。"

在国外，有许多研究机构、市民团体以及政府机构向全球公布了大量类似"焚烧炉与健康受害"的研究及报道，给公众敲响了警钟。科学家的具有科学证据的观点被市民团体广泛传播，促进了普及焚烧处理的正确知识。

然而，发出上述邮件的英国，其一般焚烧炉的数量仅为 15 座（到 2002 年为止）。而当时日本的一般焚烧炉有 1 800 座，把产废焚烧炉加在一起总数为 7 000 座 ❶，这样格外多的数量令人会怀疑自己的眼睛有没有看错。这些数字可以作为传闻"世界上三分之二的焚烧炉集中在日本"的佐证。

但是就在几年前，日本一般废弃物焚烧炉的数量已超过了 3 000 座，算上规模小一些的焚烧炉，其总数足够超过了 1 万座。连小学、中学校里以及医院都有了焚烧炉，甚至商店及一般家庭也有，这些焚烧炉有可能现在还在使用。总之，在日本垃圾要经过"焚烧处理"仍然是理所当然的事情。

日本的专家在做什么？

虽然日本拥有世界上最多的焚烧炉，但日本的医生、医疗机构对于焚烧炉产生的健康危害几乎毫无兴趣。有许多研究和调查都是按照政府及产业界的方针进行的，在我所调查的范围内（包括日文论文在内）没有发现从公众的角度质疑根本性问题、批判国家政策的论文。

---

❶ 产业废弃物焚烧炉大约有 4 000 座、下水污泥焚烧炉有 1 200 座。有可能产生二噁英污染的小型焚烧炉的数量尚不清楚。

令人惊讶的是，实际上不仅是医师，在日本真正致力于解决垃圾问题的学者及研究人员也寥寥无几（所谓"真正"指的不是单纯把垃圾问题作为研究对象，而是自己行动起来去解决问题）。

要制止垃圾焚烧处理，首先需要打破安全神话，其次化学、医学方面的知识也是必不可少的，所以当然也就需要专家❶的协助。在国外，有众多的科学家及专家学者作为市民团体的一分子，或者带领公众分别与政府及企业直接交涉，积极地发表见解和观点。他们的专业知识在建议书、反提案、听证会、公众会等得到充分发挥和利用，并通过互联网广泛传播，提高了公众的知识水平。但在日本，帮助、支持一般公众的专家非常少，因此垃圾问题往往局限于毫无成果的有关技术、现象的争论之中，使公众难以注意到问题的本质。二噁英的争论就是个很好的例子。反对二噁英的运动，并没有向彻底"禁止焚烧处理"方向发展。

在欧美进行的健康调查

欧美针对焚烧炉与健康受害的问题进行了各种各样的调查，其规模从市民团体的走访调查及问卷调查，到以几千人、几万人为调查对象的全国范围的调查，提出了许多调查报告。调查报告涉及的研究分别以焚烧炉的从业人员、周围居民为对象，有按照该国家体系的医疗记录及癌症登记状况、死亡记录等的免疫学调查以及通过验尿、验血液、毛发分析等进行的暴露调查。❷

由焚烧炉引起的健康危害中最常见的疾病如下所述。对其诱因与疾病的关系将在后面的章节进行叙述。

①　哮喘

②　心脏病发作

③　癌症

④　抑郁症

⑤　甲状腺功能不全

⑥　糖尿病

---

❶ 在这里所说的"专家"不包括咨询行业。因为对于咨询行业来说，存在问题的本身就是商业机会。

❷ 研究分三类，即：①暴露研究、②免疫学研究、③风险评价研究。①和②的组合研究为主流趋势，日本的研究人员积极参与的风险评价研究方法既不可靠又不恰当，令人匪夷所思。

⑦ 风湿性肌肉疼痛和关节炎

⑧ 畸形、分娩异常、难产、婴儿死亡

⑨ 精神分裂症

但是，任何报告都未明确承认疾病与焚烧炉之间存在直接的因果关系。这在某种意义上是理所当然的。因为即使污染物质与疾病之间存在明确的因果关系，污染物质本身也没有刻着焚烧炉的籍贯和名字。

另外，成年人出现相关症状的时间较长，因与其他各种原因相关联，所以难以证明因果关系。因此，焚烧炉厂家主张"对于焚烧炉引起的健康危害没有任何证据"，"因果关系未得到印证"。然而，有一类患者群体的存在使这些主张无法自圆其说，这个群体就是还包括胎儿在内的幼小孩童们。

孩子们在发育过程中，脑以及细胞、身体器官原本易于受到身体内不存在的有毒物质的影响，且其影响程度远高于成年人。孩子们体格小，既容易吸收任何东西，又没有分解能力，因为从发现到患病的潜伏期非常短，容易断定其原因。所以，从 20 世纪 90 年代起，欧美广泛开展了以儿童为对象的研究。

本节开头的邮件证实了在 2000 年发表的关于英国的《焚烧炉与健康危害》的著名研究观点的内容。由 Knox 等人进行的这项研究的内容及方法等，甚至结论都经常被引用，下面介绍一下其要点内容。

研究课题：《儿童癌症、出生地、焚烧炉、垃圾填埋场》

研究人员：Knox. E. Olga

发表出处：医学杂志《国际流行病学杂志》（International journal of epidemiology）2000 年 6 月 29：391-7

"英国对全国 70 座城市焚烧炉、307 座医院焚烧炉、460 个有害物质填埋场就引发儿童癌症的排放物质进行了调查。根据之前进行的研究得知，距市区焚烧炉 3 ~ 7.5 公里的范围内，成年人患癌症的情况比较多。由于与成年人相比儿童相对风险比较大，对儿童癌症的分析会成为更重要的研究途径。

相关人员用新开发的分析技术，对从污染源地点到患癌症后迁居的孩子的出生地点及死亡地点的距离进行比较，如果是集中在特定的地方，只在那段时间的特定时期存在有效危险因素的话，必然会与居住地存在选择性关系，就应调查以污染源为中心而迁移的非对称性。

虽然儿童癌症及白血病的数据没有显示出在有害废弃物处理场附近地

区存在系统性迁移—非对称性，但却显示出焚烧炉附近的儿童从出生地点迁移时，其非对称性非常高。距这些地区方圆 5 公里内的相对危险程度大约为 2：1[1]。这个结果与医院焚烧炉的情况类似，其比率远远超过了"没有焚烧炉"的市区的调查结果。

因选址的关系，我们无法把城市的一般垃圾焚烧炉的影响与相隔很近的产业废弃物焚烧炉的影响完全区分开，但也许二者都有引发癌症的可能性。对垃圾填埋场的调查则没有显示出这样的结果。"

---

[1] 指在距焚烧炉方圆 5 公里内出生的孩子的癌症患病率有可能是其他地区的 2 倍。

除此之外，英国还做过一次很著名的研究，时间是在 1974 年至 1986 年，调查对象为 72 个焚烧炉，约 1400 万人。该研究采用小区域健康统计单元进行长期跟踪调查，其结果显示居住地区相对于焚烧炉的距离与癌症（胃癌、肝癌、结肠癌、肺癌等）发病率有统计学相关性，并且其发病率会减少。在此，请注意的是据说当时在英国有 70 座以上的一般废弃物焚烧炉。而现在已经骤减到了 15 座，这毫无疑问是因为通过公布许多专家的研究成果，让公众了解了其危险性而产生的效果。

德国、意大利也在进行同样的研究，所有的结果及与免疫系统、神经系统缺陷、儿童癌症之间的关联均显示出孩子们所处环境的严重程度。作为"犯人"的焚烧炉厂家为卷土重来而推销气化熔融炉等"新技术"，如此"新技术"的必要性本身就已经表示出了焚烧炉存在着危险性。

第三章

二噁英——环境和社会的
破坏者

如果有谁知道 1997 年原厚生省发出的《防止垃圾处理产生二噁英等指导方针》❶通告大幅度改变了日本垃圾政策，那其一定是对政府事务非常精通的人。这是焚烧强国日本首次承认焚烧炉是排放二噁英的源头，所以民众非常期待政府能有所作为。

但是，政府的目的却完全在别的地方。《防止垃圾处理产生二噁英等指导方针》承认了焚烧炉排放二噁英，同时也表明在解决这一问题时，需要利用气化焚烧炉、垃圾发电、灰渣熔融炉等"新世纪炉"技术，并且相关单位有义务安装上述设备。这就意味着政府将垃圾处理的权限从地方政府收回到中央政府（《宪法》及《地方自治法》规定只有政府有处理垃圾的权限），并把垃圾处理明确定位为装置产业。因此，政府的上述通知无非是强化了焚烧方针，"二噁英商机"便作为国策闪亮登场了。

政府无视焚烧炉排放的其他许多有害物质，只强调二噁英，是因为二噁英的未知性、强毒性让公众缺乏安全感，并需要长期采取必要措施，而这些正好是政府实施公益项目的最好理由。在这之后，政府在处理琦玉县所泽市发生的"二噁英群体性恐慌受害"事件时虽然根本没有触及垃圾问题的本质，却成功地把二噁英恐惧症灌输给了公众。各地市、町、村也都以此事为鉴，听信政府的话开始引进气化熔融炉和大区域化计划，按照企业策划的"剧本"，展开了新型焚烧炉的订购会战。

笔者重新查阅了当时关于二噁英的报道，几乎没有发现涉及"焚烧危险性"的内容，对此实感惊讶。报道中没有对事件的分析和讨论，而代之以从技术上讨论如何分解二噁英以及到多少为止才会安全之类的"风险评价"，并一如既往地回避最关键的事情。对于企业优先考虑"经济效果"及"企业利益"的二噁英商机来说，二噁英的产生（＝焚烧炉）是不可缺少的。

而最重要的是二噁英是一种人为制造的有毒物质。

二噁英广为人知尚不足 100 年❷。在如此短暂的历史中，二噁英总是与战争及企业活动密切相关，造成了许多代价和悲剧，可以说其存在本身就是向当今社会现状发出的强烈谴责。要解决这个问题就需要回到垃圾处理的出发点，努力阻止二噁英的产生。而具体做法只有停止垃圾焚烧处理，绝不能把二噁英作为商机而与之共存。

---

❶　文中亦简称《二噁英指导方针》。——译者注
❷　二噁英初次为世人所知是在 1938 年左右。

鉴于已有许多介绍二噁英毒性的书籍，在这一章里笔者只介绍三起全球知名的"二噁英事故"，思考一下这种有毒物质在当代的意义。因为如果我们不汲取历史教训，历史就会重演。

1．橙剂（另一场越南战争）

枯叶剂与"牧场工行动"

二噁英突然受到关注是在 20 世纪 60 年代的越南战争期间。当时美军以"北部湾事件"为导火索，以物资上的绝对优势向东南亚小国越南发起了进攻，而越南解放战线（越共）凭借热带丛林的掩护，开展了持续顽强的反击，使美军吃尽了苦头。为了阻止反击行动，美军采取了向茂密的热带丛林喷洒大量药剂，使树木干枯落叶的战略。在日本众所周知的"枯叶作战"军事行动有以下三个目的。

· 扫清视野障碍，破坏敌方埋伏的热带丛林；

· 使用于食用的谷物干枯；

· 破坏军事设施周围、登陆地点、营地及道路周围的植被。

上述目的意味着要破坏生物机体和以饥饿消灭敌人，同时也充分表明了枯叶剂确实属于化学武器。美军准备的枯叶剂共有 15 种，根据药品容器上标明的颜色分别被叫作紫色剂、橙色剂、白色剂、蓝色剂等。其中使用量最大且至今还在危害人体的元凶是橙剂，即枯叶剂。

橙剂是正丁酯（2,4-D=DPA）与三氯苯胺盐酸盐（2,4,5-T=TPA）按 50：50 混合成的药剂。其中制备 2,4,5-T 过程中会产生副产品二噁英（2,3,7,8-多氯二苯并－对－二噁英）。

在越南喷洒的枯叶剂总量约 1 900 万加仑❶。其中 1 200 多万加仑是橙剂。枯叶剂一般应该用油或水稀释后使用，美军却不稀释而将原液装在飞机上，以低空飞行方式用喷嘴向地面喷洒。枯叶行动的正式名称源自这种喷洒装置，即 "Operation Ranch Hand"（牧场工行动）。喷洒量达到了 1 英亩约 3 加仑（2,4-D 为 12 磅、2,4,5-T 为 18 磅），其浓度是制造厂家陶氏化学公司指示的 6 至 25 倍。

枯叶行动从 1962 年至 1971 年持续了近 10 年。随着美军在越南驻军人数的增加，枯叶剂使用量在 1967 年到 1969 年达到了高峰。除了正式的"牧场工

---

❶ 1 加仑约合 3.8 升（美国）。根据哥伦比亚大学最近的分析结果，实际喷洒量是当时估测值的 4 倍。

行动"之外，美军还动用直升机、卡车、船只投放枯叶剂，或者用便携式农药喷洒器到处喷洒。由于这样的作业也涉及与作战没有直接关系的地面部队及喷洒区域外的越南普通居民居住地区，从而使得污染范围扩大。

1963 年 2 月，美国国内舆论开始批评美军使用橙剂。地方媒体首次披露了"美军投放了有毒物质"的消息（笔者未能检索到该报道）。看到这篇报道的议员批评政府"在越南使用化学武器"，并由此引发了对政府的一场批判。1964 年，"美国科学家联盟"明确表态反对美军使用枯叶剂。1966 年，包括 17 名诺贝尔奖获得主在内的大约 5 000 名科学家联名给当时的约翰逊总统写信要求停止使用橙剂。1968 年，科学家、医生、政治家对橙剂潜在的毒性及二噁英对人体危害的关注以及批评日益高涨。因此美国要求停止使用橙剂的呼声首先是来自科学家和专家。

1969 年，受美国农业部委托，生物控制论研究（bionetics research）委员会（BRC）在调查报告中指出"2,4,5-T 极有可能导致畸形增加"。受到美国报道的影响，越南报纸也登载了橙剂使畸形儿急剧增加的报道。此后，在美国国内来自民间的批评开始增多，证明枯叶剂危险性的科学证据也陆续被公之于众。

1969 年 10 月，美国国家卫生研究所（NIH）确认了 2,4,5-T 会使老鼠产生畸形和死胎，并敦促美国国防部应部分停止枯叶剂的使用。

第二年的 4 月 15 日，美军军医总监亲自发出了特别警告称，使用 2,4,5-T 可能危害"我们的健康"。同一天，农业部、健康教育保健部、内务部发出了联合命令要求暂停对湖泊、水渠的堤坝、休闲娱乐场所、住宅及食用谷物使用 2,4,5-T。受此影响，虽然美国国防部终于发布了全面暂停使用橙剂的命令，但在越南的喷洒却一直持续到 1972 年。

自 1974 年左右起，国际社会兴起对橙剂（二噁英）的健康损害研究。世界各国进行的研究（多为独立研究机构进行的研究）几乎都显示 2,4,5-T 是"有害的"，即其研究结果均明确表示橙剂与癌症有密切关系。[1] 1976 年美国职业安全健康局为接触 2,3,5-T 的工人接触该药剂制定了严格的标准，1977 年国际癌症研究所（IARC）在报告中提醒人们该所出示的数据尚不完善的同时，指出人和动物在接触 2,4-D 及 2,4,5-T 后出现了无数变异以及死亡率增加的情况。

---

[1] 例如，1974 年哈德尔博士的研究显示，接触含二噁英杀虫剂与软组织肿瘤有统计学上的显著相关性。同年的 Axelson 与 Sandel 的报告显示，在瑞典铁路工人中，接触多种含二噁英除草剂的群体的癌症发病率会加倍。

1978 年，美国环保署接到居住在喷洒过 2,4,5-T 的森林附近的女性流产人数增加的报告后，马上发表了紧急停止对国有森林喷洒 2,4,5-T 的公告。另外，相同的枯叶剂也曾被出口到日本，❶ 并在各地的森林管理署使用过。然而，关于其使用实际状况及后来是如何处理的却不得而知。

1980 年 9 月 22 日，在美国政府内部设置的"苯氧基农药污染慢性健康影响部门间调查小组"得出了这样的结论："尽管研究具有局限性，但苯氧基农药与软组织肉瘤或恶性肿瘤的增加有相关性。"由此可见，在众多科学证据面前相关人员也不得不表明一定的见解。另外，这里所说的 2,4,5-T 或者苯氧基农药的毒性指的就是二噁英。

化学武器的牺牲者们

从越南战场归来的士兵终于醒悟到自己身上发生了什么样的悲剧。当科学家们的"揭发"家喻户晓之后，这些退伍兵也开始诉说难言之隐。其实在士兵中早就开始流传各种各样的"负面传闻"，而那些传闻终于变成了事实。在服兵役过程中，遭受橙剂毒害的退伍兵有很多人患上了非霍奇金淋巴瘤（癌症的一种）、软组织肉瘤、肝脏酶功能不全症，并且在他们回国后生出的孩子中畸形及智障的非常多。但是，没有任何信息的退伍兵们连想都没有想到，这些袭扰他们自己和家庭的突如其来的悲剧存在着共同原因。这是有关方面关于橙剂"对人畜无害"的宣传而致。知道患病原因的退伍兵们一起开始向国家索取疾病和障碍赔偿。这对越南战争老兵来讲是在美国本土发生的另一场越南战争。然而，美国政府和国防部（DOD）以不知道二噁英有毒等借口，对士兵们的诉求置若罔闻，虽然 1978 年约 4 000 名遇难者家属及 5 000 名受害人对多家橙剂生产企业（陶氏公司、孟山都公司、赫利士公司等）提起了大规模的集团诉讼（由于法律上不认可士兵起诉国家，他们只好放弃了起诉国家），但是，诉讼以流产告终。1984 年就在开庭之前，原告方突然接受了被告方企业提出的仅仅 1.8 亿美元的和解方案。

没能在法庭上追究国家及企业的责任，这对美国来说带来了巨大的负面影响。此后，美军与化工企业及军工企业一起开始投入了半公开化的化学武器研制和开发。❷

---

❶ 有信息表明，日本曾生产过原材料。
❷ 据说后来一直有企业在生产ＶＸ及沙林等化学武器，在美国尚有大量库存。

但就在同一年，为了拯救陷于困境的退伍兵，美国国会制定了《1984年退役军人二噁英及放射线辐射补偿基本法》。该法经过几度修改确定有10种疾病是二噁英造成的，并同意支付治疗费用。

其实美国国防部早就了解二噁英的毒性，但这一事实直到多年以后的1988年才被揭发出来。参与牧场工行动枯叶剂制造的军队所属科学家杰姆斯·克拉里博士（Dr. James R. Clary），给调查橙剂和越战归来士兵疾病的国会下属的"枯叶剂调查委员会"成员发去了下述说明函件。

"在20世纪60年代开始实施枯叶剂计划时，我们意识到了枯叶剂带来的二噁英污染肯定会产生危害。但是，因为这种物质是对敌国使用的，所以我们谁都没有特别担心。"该证言表明美军十分了解橙剂的毒性，并将其当作化学武器使用了。枯叶作战造成的危害不是偶然发生的，而是美军有意识地要将远离美国的亚洲敌国破坏、污染到没有人类存在。当然，这是违反禁止使用化学武器的日内瓦协议的。如果国际社会当时就知道美国违反国际法的军事行动的实际状况，应当会像对待当时受到谴责的、被称为"捏造"的"北部湾事件"一样，进一步掀起批判美军的浪潮。因为当时在美国国内反对越战运动已经愈演愈烈。

美国政府及美军当时对投放枯叶剂未采取任何让士兵回避的措施，也许是打算在问题暴露出来时，以此证明"不知情"。另外，如果士兵事先得知其危险性，有可能拒绝执行任务，并且相关国家的士兵及平民百姓也一定会提出赔偿要求的。此外，澳大利亚、韩国、新西兰的军队也参与了越南战争。除越南外，美军在泰国、柬埔寨等也投放了橙剂。

美国退伍军人事务部的负责人指出，"从理论上讲，在'牧场工行动'中，可能有420万美军士兵直接或间接接触了枯叶剂。"投放有毒物质时，原则上首先是保护本国士兵的安全。而采取预防措施的第一步应该是"正确的信息和教育"，但没有得到任何信息的美军士兵被放在与敌人即越共相同的处境中，不过是牺牲品而已。

1988年，美国退伍军人事务部迫于受害者及家属的各种压力，终于同意对越战退伍兵和枯叶剂展开调查。负责咨询的调查委员会在独立机构的协助下，根据之前发表的庞大的论文、资料、研究书籍、杂志和新闻报道，从本质问题入手，展开了重新评价及研究工作。其调查结果如下所示。❶

---

❶　1993年，《禁止开发、生产、储藏及使用化学武器和销毁化学武器的条约》出台，该条约中规定了缔约国有义务制定处理拥有的化学武器的期限。然而，没有承诺该条约的美国却擅自在国内进行处理，其采用的焚烧处理遭到了当地居民的强烈反对。

"至少下列疾病的确是由二噁英（TCDD）引起的。非霍奇金淋巴瘤、氯痤疮、其他皮肤疾病、口唇癌、骨癌、软组织肉瘤、先天畸形、皮肤癌、皮肤卟啉病症及其他肝功能障碍、霍奇金病、造血性疾病、骨髓瘤、神经障碍、自我免疫疾病和障碍、白血病、肺癌、肾癌、恶性黑色素细胞瘤、胰腺癌、胃癌、结肠癌、鼻癌、咽喉癌、食道癌、前列腺癌、睾丸癌、肝癌、脑癌、精神分裂症、消化系统疾病。"（以下部分省略）

《致美国退伍军人事务部的负责人关于接触橙剂与健康危害的报告书》〔绝密特别副官海军作战部长艾蒙·朱姆沃尔特（Elmo Zumwalt）1990 年 5 月 **❶**〕是一份明确承认枯叶剂（即二噁英）的致癌性及与其他疾病有关的绝密报告，其后不久"二噁英问题"就扩展到了全世界（日本政府也根据美国环保署的指示，于 1990 年 12 月发出了《第一次二噁英指导方针》的通知。但其中没有提到这份调查报告，通知内容只限于"有致癌可能性"的程度）。

对越战退伍兵的跟踪调查目前仍在继续，最近有报告显示摄取二噁英将会增加糖尿病的发病率。

在远离美国的韩国也发生了退伍军人的枯叶剂受害情况。与美国结成军事同盟的韩国，向越战战场派遣的士兵多达 30 万人。他们被分派到了最危险的前线执行任务，投放橙剂就是他们的任务之一。

与美军士兵一样，对于毫不知其危险性的韩国士兵来说，也许农药喷洒可以视为称不上军事行动的轻松工作，但是其"代价"惨重，有许多人回国后患病或者成了智障儿的父亲。然而，当时的军事独裁政府（全斗焕总统）对他们的疑问和要求采取了彻底打压的策略。另外，由于担心暴露韩国士兵在越南的残暴行为，所以韩国媒体对于此事也未作任何报道。

韩国对枯叶剂及其后遗症的报道解禁是在 1993 年，即卢泰愚总统下台之后。据报道，在此之后韩国政府准备向美国政府提起国家间诉讼和要求提供补偿，但出于政治上的原因放弃了起诉。**❷**

而受害最为严重的当然是橙剂投放地的越南。

在越南橙剂的受害者已经超过了 100 万人（据越南红十字会的调查，其中大约 65 万人患有慢性疾病，50 万人已经死亡）。尽管越南战争已结束了 35 年，

---

❶ 1990 年 5 月发表的 "Report to Secretary of the Department of Veterans Affairs on the Association Between Adverse Health Effects and Exposure to Agent Orange" 报告。本章的记述主要摘自这份报告。

❷ 源自 2000 年 5 月 14 日的《朝鲜日报》。

但至今仍有畸形儿在出生。因二噁英具有脂溶性和生物积累性的特点，其会给后代带来危害，但这种危害究竟要持续几代人，其答案无人知晓。

　　在日本，媒体对越南诞生的腹部相连的连体婴儿阮越和阮德兄弟的悲剧做了许多报道，然而未被报道的悲剧恐怕是数不胜数。胡志明市的 Tsuzu 医院因保存有缺陷的出生后死亡或未能出生的婴儿遗体而闻名于世。泡在甲醛中的幼小婴儿们似乎在控诉战争的残酷以及人类在化学污染物质面前显得多么渺小。

2．油症［发达国家最严重的多氯联苯（PCB）、二噁英污染事故］

KANEMI 油症的发生和经过

像橙剂那样人为的二噁英污染且另当别论，世界上偶然发生的二噁英事故已有数起。其中在发达国家发生的最严重的一例是被称为"油症"的KANEMI 事件，该事件与其说在日本国内倒不如说是在国外更出名。

事件发生在 1968 年（昭和四十三年）10 月左右，考虑一下其时间，"油症"也许是终止越战橙剂行动的重要因素之一。直到最近日本一直认为其原因在于PCB（多氯联苯）。而与日本的观点不同，国外研究人员一开始就认为其与二噁英污染有关系。

事件是通过福冈县及北九州市发表的资料公之于世的。受害者矢野丰子说："报社及大众媒体通过（到九州大学附属医院皮肤科就诊的）患者异样的容貌知道了这个情况，之后县及市的卫生科才公布出来。"●

油症的症状惨不忍睹。全身的皮肤甚至连生殖器都长满了小脓包并发炎……瘙痒难忍，抓破了会放出臭味。除此之外，还有全身疲倦、头痛、头晕、肝功能障碍、月经失调等症状。这些还是初期症状，此后子宫内膜症及乳腺癌、肝癌等开始增加，皮肤及指甲、牙龈变黑，而再过一段时间会有肌肤上带有黑色素沉着的婴儿出生●。这类危害的可怕之处是身体障碍不是短期而是要无休无止地伴随终身，并且还会传给下一代。有许多女性受害者出现生殖器异常现象，还有作为"黑娃娃"出生的女性又生出来"黑娃娃"的情况●。

与性别、年龄无关，患者及其所有家庭成员都会出现生病的症状，并且明显有共同原因。通过调查得知，福冈县内的患者均摄取了 KANEMI 仓库（总部在北九州市）作为"健康食品"销售的米糠油及"KANEMI 米油"，而且局限于特定时期（1968 年 2 月）生产、上市的罐装油，摄取其他生产日期的米油的就没有出现油症患者。因此，该事件与森永牛奶砷中毒事件相同，是一个

● 源自《〈何为油症问题——30 年后的今天〉停止吧！二噁英污染关东网络》网页。
● 把有这些肤色的婴儿称之为"可乐婴儿"。
● 明石升二郎《黑色的婴儿》。

大规模食品公害事件，并轰动一时，这个未知疾病被称为“KANEMI 油症”。

为了确定病因，厚生省（当时的旧称）以九州大学的皮肤科和福冈县卫生局、北九州市为中心，成立了“油症研究组”，从临床、免疫学及分析等三个方面着手进行调查。研究组很快就查明了原因是在米油制作过程中用于脱臭工序的加热机使用的热介质 Kanechlor 400［KC-400，由钟渊化学工业（钟化）制造］。产品中混入的 KC-400 正是 PCB（多氯联苯）的产品名称。也就是说，所谓 KANEMI 油症事件是受害者直接摄取了有毒物质 PCB 及其副产品二噁英类物质而导致的令人毛骨悚然的事件。因该事件的发生证实了 PCB 具有毒性，政府发布行政命令禁止了 PCB 的制造和使用[1]。

当初吃了 KANEMI 米油后身体出现异常症状的患者实际上超过 1.4 万人[2]。然而，截至 1969 年（昭和四十四年），按照厚生省制定的指导方针认定的患者仅为 1001 人。被确定的主要是那些可以看到的患有氯痤疮的患者，而那些在外表上看不到的患有内脏疾病的患者未被统计在内，因此绝大多数的受害者被撂在一边无人问津。被认定的患者人数在十年后的 1978 年（昭和五十三年）也不过是 1684 人（累计），1990 年（平成二年）为 1862 人，并且到 2003 年减少到 1362 人。被认定的患者人数减少意味着受害者已死亡及没有出现新的被认定患者。

在福冈县和长崎县患者人数最多，在认定的患者当中这两个县占了大约 75%。之后，在长崎县岛屿地区也有患者被“发现”，因为有人当时没有察觉到吃了米油。这些情况说明实际的患者人数要比申报的人数多出好几倍，所以厚生省通过限定认定患者人数的做法，是有意识降低受害状况的严重程度。

此外，2002 年 6 月成立的 NGO 机构“KANEMI 油症受害者支援中心”在同年 8 月实施了问卷调查[3]。他们把问卷调查表发给了 150 位女性受害者，共收回了从 20 岁到 80 岁不等的患者 59 人的问卷调查答复（其中包括 9 名未被认定的患者）。其中最多的是有生殖器官功能障碍的 49 人（占 83%），具体症状为月经周期不规律、月经过多、不规则出血等，还发现受害者的后代存在不排卵、无月经的情况。有 29 人（占 49%）经历过子宫内膜异位及切除卵巢、子宫等妇科手术，并且她们在此期间，需要住院及反复到医院接受治疗。在怀

[1] 1972 年，原则上禁止生产、使用和进口 PCB 的通产省（当时的名称）对 PCB 的行政管理就是在两年后的 1974 年制定了《关于化学物质的审查及制造等规定的法规》。

[2] 福冈卫生研究所指出“与是否摄取米糠油无关”。

[3] 源自《〈何为油症问题——事件 30 年后的今天〉停止吧！二噁英污染关东网络》网页。

孕的 86 人次中，有 20 次（占 24%）为自然流产、死产及人工流产。其中包括死产在内的"黑娃娃"的人数为 7 人。除此之外，还有头晕、站起时眩晕、恐慌症等自主神经系统疾病，甲状腺癌、甲状腺功能低下症、巴西多氏病等甲状腺功能疾病，关节痛及心脏病等的患者 9 人（占 15%）。

上述数据都是我们将来应该汲取教训的宝贵遗产。对任何公害事件，如果不从数据反映的现实情况出发，就无法看到事件的本质，找不到解决问题的办法。现在国家❶已经对二噁英信息解禁，我们对 KANEMI 油症也应该从新的角度重新认识。

被忽略的原因和油症事件的判决

实际上预测及防止油症的发生都是可以做到的。就在油症发生 8 个月之前的 1968 年 2 月左右，西日本各地的养鸡场发生了 broiler（一种肉鸡）大量死亡的状况，其问题出在 KANEMI 仓库的黑油上。所谓黑油就是压榨米糠油后产生的黑色压榨渣滓，把它混合到鸡饲料里会使鸡肉更鲜嫩。

为了防止受害扩大，农林水产省❷责令停止发生问题的肉鸡上市，将患病肉鸡就地处理。但是在调查过程中，发现鸡的症状与在美国称为小鸡水肿因子（chick edema factor）的疾病是一样的。美国已经确定这种疾病的病原物是与 PCB 同属有机氯化物的 PCP（五氯苯酚）。虽然 PCP 和 PCB 不会直接相互转换，但其共同特点是被氧化后都会产生二噁英。❸按理说通过上述信息来预测米糠油的污染，并要求停止上市不应该有什么困难。从常识上考虑，如果米糠油的压榨渣滓黑油受到 PCB 污染，那么米糠油本身可能也受到了污染，如果与美国的疾病症状相同，有可能致病原因物质也是相同的。实际上，致使鸡患病的黑油与患油症的米油是在同一天制作的。但是，不知农水省为什么不再继续追查下去，只是把原因归结于黑油变质就草草结束了调查。尽管油症的发生已经被预见到了，却还任凭其继续发生。❹

在这种境况下，部分油症认定患者把国家、北九州市、KANEMI 仓库、钟渊化学工业（钟化）告到了法院，提起了要求损害赔偿的民事诉讼。审判从

---

❶ 指日本。——译者注
❷ 正式名称为"农林省（当时的名称）附属家畜卫生试验场"。
❸ 《来自"衙门"的二噁英》，上田寿，98 页。
❹ 1978 年中国台湾省台中市也发生了同样由 PCB 引起的米油污染事件，受害者大约有 1 400 人，被称为"台湾油症事件"。

1969 年至 1970 年分 5 次进行，原告方在第一次和第三次的一审及二审均以法院判决"农水省玩忽职守"而全面胜诉。依照法院的决定，国家要向原告方平均每户人家赔偿大约 300 万日元，并暂付了总计大约 27 亿日元的费用。

可是，之后的审判却开始出现了奇怪的现象。1986 年 5 月在第二次上诉审理中，法院作出了国家和钟渊化学无须承担责任的判决，导致出现了原告方最担心的逆转败诉的结果。虽然原告方上诉到了最高法院，但由于法院强烈劝告和解，最终原告方还是接受了法院的劝告，与钟化达成了和解。

然而，国家根本不接受和解方案，并强烈要求原告方撤诉。难于承受疾病、年老体衰，特别是巨额辩护律师费用的原告方，只好在所有的诉讼中撤销了对国家的起诉。不追究国家责任是日本法院的传统。

而一年之后，原告方陆续收到国家发出的"归还暂付费用"的催告函。国家认为，"基于原告方撤诉，先期执行的金钱支付的依据已经消灭，已构成患者方的不当得利"。因疾病及生活困难，许多原告实在无法接受这样的退款要求，在要求归还的时效（10 年）到期前一年的 1996 年，国家通过民事调停的法律程序，采取了将缓期执行期限再延长 10 年的严酷手段。而且催告函不仅寄给原告本人，甚至连根本就不知道该事件经过的原告后代也收到了同样的信函，这给受害人家属带来了新的痛苦。此外，虽然法院对 KANEMI 仓库作出了要求其"支付每位患者 500 万日元"的判决，但直到 2003 年，该判决尚未被执行。

油症事件的复活

在该事件过去了 30 多年后，到了 1999 年，几乎已被人们遗忘了的 KANEMI 油症问题突然再次浮出水面。由于与当时轰动全国的二噁英问题相关，社会上开始出现重新审视 KANEMI 油症的动向。在此形势下就有了坂口力厚生劳动省大臣（时任）2002 年 1 月 13 日的讲话。坂口大臣在讲话中明确否认了 KANEMI 油症是 PCB 造成的结论，说真正的原因是二噁英（《每日新闻》冲绳版）。由于国家到此时为止一直顽固地否认原因是二噁英，而坂口大臣的突然承认使得油症事件出现了重大转折。与之相呼应，一些学者也开始积极主张二噁英是 KANEMI 油症的主要原因❶。

但是，因为事件已过去了 34 年，在这时突然出现"真正原因"的说法，总让人感觉有些蹊跷。在事件发生的 1968 年前后，PCB 的毒性已经广为人知，

---

❶ 此后不久共面 PCB 也成了致病原因物质。

被加热、氧化后会产生二噁英也是科学界的"常识"，而且当初就有学者指出 KANEMI 油症受害者的症状是由二噁英造成的。对此，作为油症诉讼的证人、与原告一起发起诉讼行动的卫生化学家藤原邦达博士作了以下阐述。

"当时美国著名学者 MR. Rsiseblow 就提到过 KANEMI 油症的致病原因物质可能是二噁英。之后，正如预想的那样，有关人员证明了在 KANEMI 油中存在二噁英。可以得出'油症是因 PCB 与 PCP 产生的二噁英复合毒性而发生'的结论，只强调 PCB 或只强调二噁英都是错误的。因此，既没有证据能够证明 PCB 和二噁英这二者中'谁为主要原因谁为次要原因'，也没有必要分清主次原因'❶。"

福冈性卫生环境研究所也曾对二噁英为致病原因的结论作出下述说明（说明时期不明）。

"……之后，弄清楚了米油中含有 PCDF、PCQ 以及 PCDD 物质，并且这些物质具有相辅相成的作用。尤其是 PCDF 在米油中含量为 2 ～ 7ppm。油症事件发生后，在早期死亡患者的内脏器官中检测出脂肪组织中的浓度是 6 ～ 13ppm，肝脏为 3 ～ 25ppm。"

事实上，油症受害者体内残留高浓度的呋喃类二噁英（PCDF）的情况早在 1990 年就已搞清。有关方面曾用当时刚开发的气相色谱仪将 18 位患者和 11 名志愿者的皮下脂肪进行对比分析，患者脂肪中含有的 PCDF（1900pg/g）与对照者（平均 16pg/g）相比，最高达到后者的 100 倍之多。因此，并不是最近"才知道"KANEMI 油症的致病原因物质之一是二噁英，只是在应该公布的时候没有公布而已。因此，从客观上讲，我们不得不认为，之所以在 2002 年突然冒出"KANEMI 油症的病因物质是二噁英"这一说法，其背后一定隐藏着许多原因。

原因之一是 1997 年的《二噁英指导方针》。因为政府要颁布该方针，就将一直隐瞒的二噁英信息一起解禁，并在 2000 年修改了二噁英特别措施法，还将共面 PCB（一种与二噁英有相似结构的 PCB 形态，毒性非常强。正是由于这些特点，人们曾误认为该种 PCB ＝二噁英）也列入"二噁英类物质"。在当时的形势下，二噁英处理成了建设"循环型社会"的重要产业目标，且与经济振兴政策相结合。因此，若只是将油症事件归属为"二噁英处理"就可以获得大笔辅助金，相信有关方面也乐于重新审视 KANEMI 油症事件。令人担心的

---

❶ 摘自藤原邦达博士的主页。http://homepage2.nifty.com/safety-food-forum/index.html（2003 年 12 月）。

诉讼已经"结束",这也会促进对事件的重新审视。

　　还有一个非常重要的原因是国际形势。当时,国家受到POPs公约等国际动态的影响,三个省厅(环境省、通产省、厚生劳动省)联手急于制定PCB处理规定(即PCB特别措施法)❶。因为上述公约一旦生效,PCB的前期处理就必须按照日本承诺的国际公约进行。1998年环境省在原来的高温焚烧的基础上,指定使用化学分解法和超临界法作为新的PCB处理标准,并批准在横滨、新潟等地修建处理设施(在第一章介绍的东京电力横滨PCB处理设施也是其中之一)。除此之外,政府还打算制定一套新的处理制度,即将企业保管的PCB通过所谓"公共参与方式"——利用国家的辅助金来进行处理。对于根本不涉及企业责任及污染者负担原则的《PCB特别措施法》,一些来自某些"事件"的外部压力是有利于使其在国会讨论时避开质疑并顺利通过的。 所以KANEMI油症突然复活的背景中包含着与所泽蔬菜污染事件相似的因素也不足为奇。

　　另外,还有一个原因是国家当时已在暗地里决定把国内首个PCB处理设施的选址定在发生过油症的北九州市。PCB特别措施法通过(2001年6月)后,2001年11月1日环境大臣批准了在北九州市若松区(北九州环保工业园区)的PCB处理项目实施计划。此后两个月才有了坂口厚生省劳动大臣的"二噁英是真正原因"的讲话。

　　由于关乎PCB处理的种种情况都涉及今后的垃圾管理和焚烧炉权益,相关内容在此后的章节中还将细述。

《PCB特别措施法》❷与环境事业团

　　在2001年6月通过的《PCB特别措施法》自公布时起不到一个月便以前所未有的速度进入实施阶段。具体来说根据这个法律,到2006年在全国要建五六处处理设施,在之后的大约10年里,要全部"处理掉"日本存留的大约5万吨PCB。然而与《废弃物处理法》一样,这个法律的最大问题是把PCB处理完全当成了国家政策项目。

　　首先是国家(环境大臣)制订基本计划,然后都道府县(包括政令指定都市)在此基础上筹划制订PCB废弃物处理计划。但是进行处理的"机构"不

---

❶ 《关于持久性有机污染物的斯德哥尔摩公约》(POPs公约)被暂停签署(2002年8月30日)。
❷ 正式名称为《关于推进多氯联苯(polychlorinated biphenyl)废弃物正确处理方法的特别措施法》(2001年6月22日,法律第65,2001年7月15日起实施)。

是民营企业而是政府选定的政府特殊法人的"环境事业团"。为此,政府对《环境事业团法》进行了修改,将 PCB 处理的责任不是赋予生产企业而是事业团,进而将其弄成了股份公司(后述)。❶ 企业除了支付一些基金外,只是被要求承担"协助国家实施政策"的义务,即不承担制造者责任也不承担使用者责任。可以说,《PCB 特别措施法》意味着由国家完全承担企业的责任。

但是,由于环境事业团没有实际处理业务的能力,具体业务不得不完全交给民营企业——也是拥有国家认定的 PCB 分解技术的大型企业。也就是说,环境事业团起到的只是收取税金(辅助金)窗口的作用。主要的 PCB 处理相关技术名称以及开发企业名称如下所示。❷ 它们所有的技术都未经过独立的第三方机构进行安全检测,全是企业自我申报的。

(另外,自 2004 年开始的北九州市的 PCB 处理项目,需要处理冈山县以西 17 个县的 PCB 废弃物约 11 100 吨,也没有公开处理方法等详细信息。此外与"二噁英分解技术"相同,时效性、安全性也根本没有得到认定。因此,即便发生了事故也不足为奇。)

主要的 PCB 废弃物(液态)的处理技术

高温燃烧法:用 1100℃以上高温进行热分解(相当于气化熔融炉)
脱氯法:
- 碱催化剂分解法(荏原制作所)
- 化学提炼分解法(东京电力)
- 催化剂氢化脱氯法(关西电力/关西技术)
- 有机碱金属分解法(关西电力/关西技术)
- 金属钠法(神钢 Pantech、日本曹达、原子燃料矿业/住友商事)
水热氧化分解法:
- 超临界水与氧化分解法的组合(Organo)
- 超临界水、氧化剂及碳酸钠的组合(三菱重工)
还原热化学分解法(气相氢化还原法):
- 高温熔融金属分解法(荏原制作所)

---

❶ 该法第三条"事业者的职责"中规定:"事业者必须在自己的责任范围内确实并且恰当地处理 PCB 废弃物。"
❷ 摘自环境事业团发表的《关于 PCB 问题的动态》,2001 年 8 月 1 日。

• 无氧无氢加热还原反应分解法（日本车辆制造）

光分解法（UV/ 催化剂法）:

紫外线照射含碱剂混合液法（东芝）（注释：水热氧化分解法以下的公司名称采用了笔者简化的化名）

乍一看，好像不是"民营企业可以做的就交给民营企业做"，而是"国家在做只有民营企业才能做的事情"。但其实这个政策还有一招，即"实际是国家来做只有民营企业才能做的事情，并巧妙地伪装成民营企业的项目"。

为此，政府准备了另外两个法律，即把《环境事业团法》分成《日本环境安全事业株式会社法》和《环境再生保全机构法》。该法律中规定于平成十六年 4 月 1 日废除现行的环境事业团和公害健康受害补偿预防协会(以下简称"协会")。到目前为止协会从事的公害健康受害补偿及民间团体的环境保护支援活动等业务由环境再生保全机构接替，环境事业团的 PCB 废弃物处理项目由新成立的特殊会社日本环境安全事业（株）继承（如下图所示）。

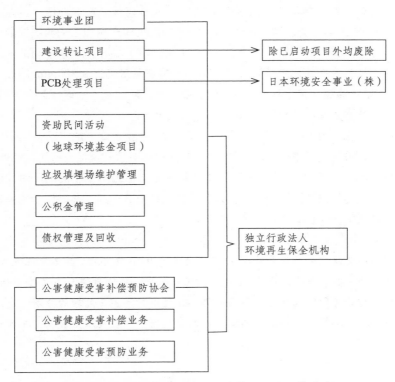

图 2　环境省相关特殊法人改革主要项目的移交

但是，环境事业团法里没有写上图内容❶，对此问题的讨论也仅在特殊法人改革中进行，所以仅关注垃圾问题的人也许不会知道这些内容。

日本环境安全事业（株）是政府百分之百出资的特殊公司。有必要的话无论多少都可以增资，还可以在政府担保的前提下发行债券及长期借款。另外，根据规定该公司的业务不局限于PCB处理，如果得到大臣的批准也可以从事其他项目。这无非意味着环境事业团作为民营企业也可参与一般的垃圾处理项目。而且如上所述，日本环境安全事业株式会社没有能够实施实际业务的能力，只能全都转交给其他的民营企业，这的确是其"特殊"之处。

制订这个制度是在"循环型社会"政策的指导下，为了在世界范围内来推销日本废弃物处理的"核心"生意，即二恶英及PCB的分解、无害化处理技术。估计政府是打算先将事业团改成株式会社形式，一旦公众（纳税人）追究和要求信息公开，便可以以"民营企业的技术专利"来推脱。

另外，目前日本的PCB处理主要采用化学分解法，但政府当初本打算全部采用焚烧方式来处理PCB。其实在与KANEMI油症事件发生的同一时期，濑户内海沿岸的兵库县高砂市发生了另一起PCB事件。在这个填海造地的地区林立着PCB生产企业钟渊化学高砂工厂，将PCB产品加工成热敏纸的三菱制纸、三菱重工、武田制药工业的工厂。从那些工厂排出的废水使附近的海域受到了污染，在有废水直接流入的高砂西港检测到最高达3 300ppm的高浓度PCB，所以该海域被禁止从事渔业。但企业及行政对此都未采取任何有效措施，因此当地愤怒的渔民不断展开示威游行。

在高砂市，受到油症事件的影响，含有PCB及其成分的产品开始不断地从全国各地被退了回来。当时，国家要求钟渊化学对那些退货进行了焚烧处理。截止到1972年，该公司已经处理了100吨左右，但因当地居民的反对而停止了处理。然而，由于国家顽固坚持采用焚烧处理方式，不久高砂工厂内就建起了新的焚烧炉，并正式开始了焚烧处理。

"自昭和六十三年（1988年）至平成元年（1989年），钟渊化学工业高砂工厂用高温焚烧热分解法共处理了5500吨液态PCB废弃物。具体处理方法是，钟渊化学将回收、保管的液状PCB废弃物以雾状方式喷射到1450℃高温炉内，在大约2秒钟停留时间里进行高温破坏，通过这种无害化处理的分解率达到了99.999999%。尽管像这样通过高温焚烧的热处理方式在技术上成立，确实可以

---

❶ 在第42条中只有"关于事业团解散问题，由其他法规另行规定"的内容。

对 PCB 进行分解，（财团法人）电气绝缘处理协会也曾率先努力建立处理回收体系，但因没能得到修建处理设施候补地区的地方公共团体及当地居民的理解，终究没能建立起该处理体系。（省略）由于二噁英的问题，近些年人们越来越回避焚烧处理，挑选一般性产业废弃物焚烧处理用地也越发困难。而挑选以热分解方式对难分解的有害 PCB 工业废弃物进行高温焚烧设施用地就更为困难，目前无法期待能够进行选址。"（摘自环境省的《我国 PCB 废弃物处理现状》）

　　虽然上文没有写明设施选址困难的原因，但估计是由于高温焚烧处理已经产生了一些弊端，所以政府想转用化学处理方式（大概该化学处理的高成本也是企业把 PCB 处理推给国家的原因）。处理后的 PCB 作为"无污染废弃物"，按照废弃物处理法的程序仍然是走焚烧—熔融固化—再利用的过程。但该过程"最终产品"的去向却无人知晓。

　　在 KANEMI 油症"复活"闹剧的背后是进行 PCB 处理的日本政府和民营企业合为一体的方案。因日本环境安全事业株式会社已经启动，日本将来的环境管理会更加神秘莫测。因为如果民营企业和政府形成一体化，就不存在监督者了。并且，环境省在 2003 年 9 月公布了油症认定方针，即把血液中二噁英浓度高的 KANEMI 米油受害者认定为油症患者。

3．塞维索——因二噁英而消失的城市

噩梦之夏

意大利北部大城市米兰到科莫湖之间的伦巴第平原上，一些工农业混杂的小镇星罗棋布。这个代表意大利"富裕北部"的地区遭遇到"噩梦"袭击的时间是在1976年7月10日。

那是个晴空万里的周日。中午刚过，塞维索市的居民突然听到"咣"的一声震耳欲聋的爆炸声。顺着声音传来的方向望去，人们看到了腾空而起的巨大蘑菇云。不久，灰色的浓雾笼罩了整个城市，带着难闻气味的、接触到皮肤就感到火辣辣的毛毛雨状的东西开始飘落下来。

位于塞维索市北面梅达市的ICMESA农药工厂的化学反应炉发生了大爆炸，炉内的化学物质一起喷涌了出来。

"突然'轰'的一声爆响，所有在场的工人都被震得跳了起来。紧接着就不断传来'咣咣'的震耳欲聋的声音。（略）大量浅灰色烟雾从TCP反应装置安全阀的排放塔以排山倒海之势伴随着刺耳的金属摩擦声喷涌出来。"（摘自《死亡之夏》）❶

事故发生后，该工厂的母公司瑞士奇华顿公司很快就收到了通报。但当时正值暑假和周末，无法对工厂采取任何有效措施，只是通过市政府警告居民不要食用该地区生产的蔬菜和水果。到了第二天，爆炸产生的灰尘仍静悄悄地飘落在道路、房屋、树木、田地及草原等所有的地方，令居民感到恐慌。❷

从事故发生的第二天起，当地居民中开始出现出疹、头疼、全身疼痛等症状。事故发生四天之后，当地的医院里就挤满了出现上述症状的患者。受事故影响严重的有塞维索市、梅达市、德西奥、切萨诺市、马德诺市，于是人们以受害最严重的城市名字为该事故命名，称之为"塞维索事件"。

此后没过多久，孩子们开始出现呕吐症状。异常现象进一步扩大，草木的叶子变色枯萎脱落，动物也开始遭受痛苦的折磨。

"鸟类成群死亡，尸横遍野；狗、猫像喝醉酒似的走在路上摇摇晃晃。有

---

❶ John G. Fuller 著，野间宏监译（安博埃尔出版社，1978 年）。
❷ 因此塞维索事件被称之为"意大利致死灰尘事件"。

的就在那种状态下倒毙。庭院里有许多兔子、鸡出血而死。"(摘自《死亡之夏》)

一星期后，有十几名儿童因全身发炎浮肿被送到了医院。成人中有人出现发炎、反胃、恶心、肝脏及肾脏疼痛等症状，还有人住进了医院。但由于一直不清楚病因，所以也无法实施相应的治疗。瑞士的母公司仍然以"正在调查"为借口，对事故原因三缄其口。但是，该公司却单方面派遣总公司的职员到事故现场悄悄地搜集动物的尸骸及植物的样本。

引起爆炸的 TCP 即三氯苯酚，其产品名称是 2,4,5-T，是制作橙剂的原料。TCP 是以前在欧洲各地制造二噁英事故的"臭名昭著"的化学物质，当时各国已开始严格限制生产和使用 TCP。可是，在尚未采取严格限制措施的国家，一些企业仍然在制造这种赚钱的农药。

在 ICMESA 工厂生产 TCP 的奇华顿公司是世界上屈指可数的霍夫曼罗氏制药公司的子公司。罗氏公司在事故发生后，很快就知道事故发生时爆炸形成的高温有可能产生大量二噁英，并且几天后的状况几乎完全印证了该公司的推测。按理说，为了保护受污染的居民，应该立刻让居民撤离，并封锁受害地区。然而，瑞士方面唯恐遭到国际社会的谴责，没有向意大利方面通报事实真相。不仅如此，在事故发生一周后该公司竟命令员工开工。对此，工会举行了示威游行，要求在"安全得到保证之前"应关闭工厂，停止生产。他们与提出同样要求的市政府建立了统一战线，停止了工厂的运营生产。就像橙剂制造厂家陶氏化学公司一样，无论哪个国家的化工公司的共同点就是百分之百的不负责任。

"被迫撤离的居民"

推动事态进展的是意大利的科学家、市政府的具体负责人及媒体记者。他们从各自的途径，了解到爆炸产生的含有二噁英等的毒雾以及受到污染的整个地区处于危险状态之中，就敦促市长发布了紧急状态宣言，并促使省长发布命令开始进行二噁英含量的检测作业。同时为了疏散当地居民，政府开始绘制污染地图。

为了绘制地图，有关人员 24 小时夜以继日地解剖死亡的兔子，或收集受污染的植物进行分析。

后来，政府将污染最严重的长两公里宽一公里的区域划定为 A 区，向那里居住的 40 户人家共 200 多人发出了疏散命令。疏散的居民只允许携带一个行李箱，便离开了永远无法返回的家园。但这已经是事故发生两周后的事情了。

在居民撤离后的 A 地区周围，陆军拉上了带刺的铁丝网，布置了岗哨。并且规定不穿上特制的防护服不得入内。接下来，政府颁布了残酷的命令，即为了防止污染扩大，杀掉所有 A 区和 B 区还活着的动物。经志愿者和兽医杀掉的鸡、兔、鸭、绵羊、山羊、牛等总共约有 5 万只。

此外，政府还决定将在 B 地区的所有儿童至少在白天都转移到避难所里。因为儿童易受到有毒物质的侵害，而且接触土壤比较多。但从此，这些城镇里再也听不到孩子们的笑声及小鸟的鸣啭，寂静得宛如鬼城。根据调查结果，政府决定扩大划定 A 区污染范围，并且在 B 区也追加了 600 名疏散人口。仅携带一件行李背井离乡的人们，虽然被安顿到米兰的豪华酒店或现代化的汽车旅馆居住，由罗氏公司负担费用，但这些都无法消除居民的恐慌和悲伤。

受害者受到二噁英污染后呈现的最初症状及出现氯痤疮是在事故发生约 3 个月之后。不久又出现了视力障碍、情绪波动、做噩梦、心脏功能障碍、丧失性冲动等二噁英中毒特有的症状。事故发生半年之后，终于在 8 例出生的婴儿中发现了 3 例畸形。

塞维索地区对受害者的健康护理与日本有很大区别。塞维索特别事务所（在后面详述）制定了卫生纲要，并动员该地区全部的医疗机构进行下面的工作。①对受害者进行各项全方位的治疗和长期观察；②免疫学调查；③二噁英受害的实验和研究。由于同时期成立的国际委员会指出受害症状在隔一段时间之后才会出现，因此按照米兰大学的医师及 Mocarelli 博士的指示，该地区对受害者的血液样本进行冷冻保存。❶ 另外，曾经参与枯叶剂的二噁英污染分析研究的有经验的美国医师也协助调查 ❷，采用了随时监测最新血样中二噁英浓度的方法。

在这次事故中精神上最痛苦的恐怕是那些孕妇。因害怕生出畸形婴儿，孕妇们希望接受堕胎手术，却无法如愿以偿，因为在信奉天主教的意大利，堕胎是犯罪行为。围绕着受害者的堕胎问题，教会和议会都展开了激烈的争论，一时成了一大社会问题。其结果，由于受害者保持沉默，没能得到准确完整的堕胎和畸形儿的数据。带有遗传毒性的二噁英污染从根本上动摇了天主教国家意大利的根基。❸

---

❶　采集了大约 3 万人的血样进行保管。事故发生的时候还没有检测血液中二噁英含量的简易方法。

❷　美国亚特兰大疾病控制中心（（Center for Disease Control in Atlanta）的 Dr.Patterson 等。

❸　另外，在事故发生后的 7 年中，受害女性生育女孩比率异常偏高（男孩出生 28 人，女孩出生 46 人，通常为同样人数），凸显了二噁英导致激素分泌紊乱。

"被勾销的城市"

被疏散的居民对将来及健康感到不安和绝望，且愤怒的情绪日益高涨，就在事故发生整 3 个月后的 1976 年 10 月 10 日，居民们终于采取了行动。

那天，如往常一样，包括儿童在内的当地居民分别坐上了往返于酒店和塞维索州政府的两辆定时大巴，乘车人数要比平时多出了许多。当大巴车开到高速公路的塞维索出口附近时，居民们劫持了大巴车，并占领和封锁了高速公路。跟在大巴车后面几百台当地居民的车辆起到了路障的作用。受此影响，连接米兰和莫科的道路陷入了严重拥堵状态。

就在居民们与塞维索市长及急忙赶来的州当局者发生激烈争论的时候，竟发生了意想不到的事情。数十户人家悄然离开了争论的现场，驾车回到了被封锁的 A 区自己的家里。有的人从里面把门锁上把自己关在家里，有的人收拾起令人怀念的书籍、照片、玩具，有的人把从宾馆带来的食品摊在草地上欢聚一堂，还有的人拜访"回家"的邻居相互寒暄。热闹的场面持续到了傍晚。但是，居民不久便起身不情愿地回到了酒店。第二天，坚持到最后的居民们被警察和颜悦色地带出后，整个城市又回到了鬼城的寂静之中。居民们恐怕是在自己也没有察觉的情况下来到家乡做了最后的道别。

从 1977 年起，塞维索市开始拆除 A 地区的建筑物。这年 6 月，伦巴第省设立的"塞维索特别事务所"着手进行了①分析污染以及研究修复方法，②对人员与环境监测和护理，③对疏散居民提供社会支援，④重建公共设施。

他们面临的 A 地区的污染状况是史无前例的。被确认的污染排放物约 3 000 公斤。其中包括二噁英、三氯苯酚、苛性钠、溶剂以及爆炸产生的未知结构的有毒物质，但该毒物的数量尚不明了。关于二噁英的含量，根据不同的定性方法，有 300 克到 130 公斤的巨大误差，因此至今尚未确定具体含量。由于二噁英不可分解，因此据说最佳的处理方法只有对污染地区进行"永久性封锁"。

最后，塞维索特别事务所选择的处理措施既不是高温焚烧也不是化学处理方式，而是把 A 地区污染的地方封堵后，建成绿色森林。自 1977 年至 1983 年，所有的建筑物被拆除后，约 40 公分厚的表土被铲掉。被污染的土壤和房屋残骸以及作业用的建筑机械和器具都被埋入了两个大坑里，被永久封存起来。至此，原来的城市完全消失了。自 1984 年起，政府开始对公园进行修整，考虑到水系及风向等因素，从整体上慎重地设计了公园，填入从远处运来的未受污染的土，又考虑本地区的植被和排异等因素，种植了精心挑选的树木，并播撒了花草的种子。修整从 1987 年起到 1992 年基本结束了，这似乎意味着人们对事故的记忆也应该和公园修整一样逝去。同时，均衡生长的树木似乎也意味着从此森林将长久地把事故的痕迹封闭在内。

43 公顷的"橡树之林"对外开放是在 1996 年 7 月 10 日，正好是事故发生 20 年的夏天。

1999 年夏天，笔者造访的时候，公园"关门"了。虽说对外开放，但开放时间有星期和时间的限制，除了规定的时间外来访者需要事先获得批准。城市已经完全恢复了往日的平静，可是埋在森林下面的污染并没有消失，受害者身体还残留着二噁英。此外，从事件发生时相关企业等就隐瞒、操纵信息，使得该事件的本质至今依然是一团迷雾 ❶。

❶ 浓度最高的污染样品被送到瑞士进行处理，中途却去向不明，之后在法国发现。但对该样品及其处理情况，至今尚不明了。

62

4.塞维索指令（从二噁英事故中汲取教训）

但是，塞维索的悲剧使欧洲诞生了一个前所未有的"规则"。

为预防重大事故和防止事故扩大，欧盟制定了《塞维索指令》❶。有许多小国的欧洲，一个国家发生了事故，马上就会影响到邻国。为了把有害物质相关的工业活动风险控制在最小限度，塞维索指令中有针对企业的严格规定。

一开始企业都抵制这个指令，但由于当时在世界范围内发生了多起重大化学事故，公众和政府都积极和认真地执行这一指令。EC（现在的EU）通过进行国家间的协调，1982年8月5日通过了《塞维索指令》。《塞维索指令》施行后，欧盟又参照印度中央邦博帕尔市（Bhopal）的事故（1984年）和瑞士巴塞尔的事故（1986年瑞士巴塞尔化工厂仓库发生大火）对指令做了修改，形成了《塞维索指令Ⅱ》❷，该指令现在仍然有效。《塞维索指令Ⅱ》的内容也表现在即将生效的《POPs公约》和《伦敦公约》中，是EU制定严格环境法规和在环境法规方面产生重大影响的出发点，也是后来《POPs公约》和《伦敦公约》形成的基础。

《塞维索指令Ⅱ》规定，从事有害物质的经营者（操作者）有义务提交报告、采取重大事故防止措施、建立安全管理系统、制订应急预案等，对危险设施的选址及设施变更等土地利用也有相关规定。另外，监督机构（地方公共团体）要通过监督体系定期评价企业报告是否正确，或至少每年到现场进行一次检查。关于"信息"，该指令认可普通公众有"知情权"。此外，各国分别制定的法律制度，也要按照这个指令进行修改。其具体内容是，根据《塞维索指令》，在哪里有危险物质，有可能发生什么样的事故，发生事故时如何应对，对这些跨国事项，企业、政府、公众必须要有共识。如没有这样的共识，发生了事故政府将无法应对，企业只是隐瞒信息，受害者只是在谣言和臆测中左右徘徊。……塞维索事故正是发生在这种背景下。受害最严重的塞维索市以及包括依梅沙公司所在的梅达市在内的当地社会（在事故发生前）对ICMESA公司存在的"危险情况"一无所知。在化学物质到处泛滥的今天，不能以为说声"不知道"就

---

❶ Council Directive 82/501/EEC on the major-accident hazards of certain industrial activities (OJ No L 230 of 5August 1982)，一般为 Seveso Directive 82/501/EEC.

❷ Seveso II sDirective 96/82/EC（塞维索指令Ⅱ 96/ 82/ EC，欧盟 1996 年颁布的《关于防止危险物质重大事故危害的指令》）。

一了百了。

以《塞维索指令Ⅱ》为开端，国际社会开始积极探索通过国际合作避免越境工业事故和在事故发生时保护人与环境。2000年4月19日生效的《国际经济委员会有关工业事故越境影响条约》❶中，对发生重大事故前后以及在事故中的国际合作内容作了规定。

从EU的法令及制度可以看出，作为政府最基本的是应当认识到目前存在的危险性和做好相应准备，并避免发生问题。但日本却与EU形成了鲜明对照，即把所有的一切当作"生意"，把发生问题当作了前提。要做到风险控制及风险管理，政府必须从与公众共享信息开始。

从日本的焚烧炉排出的二噁英数量仅1997年大概就有四五公斤（根据《二噁英指导方针》），估计在公布该数据之前每年的排放量要在数十公斤数量级，而且这个排放量还只是一般废弃物焚烧炉排放的。工业焚烧炉、家庭用小型焚烧炉、其他工业活动（发电厂、精炼工厂、造纸厂）的排放量至今未公布过，如果加上后者，总排放量将会是上述数字的几倍。

在日本国内排放的二噁英数量早就超过了在越南使用过的枯叶剂中的含量。在二噁英污染最严重的大阪府能町，焚烧炉工人血液中的二噁英含量远远超过了塞维索受害者的最高值，只是还没有因二噁英死亡的病例报告而已。不可否定的是，日本人的死亡原因与这种恶魔物质有很大关系。正如前面所阐述的，二噁英一旦形成就会在人体内累积，并遗传给下一代，因而在日本这个非正常的"焚烧"社会中，我们的身体似乎成了为下一代人浓缩有毒物质的载体。

二噁英与癌症发生率或者与死亡率的关联已经广为人知。进一步进行深入调查后，发现已存在公开承认焚烧炉与癌症密切相关的事例。法国环保部在1998年4月，首次公布了国内因二噁英死亡的癌症患者估计人数在1800人至5200人之间。在2002年8月公布的资料中更是首次承认了焚烧炉会引发癌症，并举例说明。这与大肆宣传"没有人死于二噁英污染"这一"定论"的日本政府迥然不同。在此再次强调，为了不产生二噁英（至少在日本），只有分阶段地废除垃圾焚烧处理。除了停止焚烧以外，探讨任何技术理论都是没有意义的。特别是不能盲目跟着焚烧企业探讨相关技术，否则民众会一叶蔽目不见泰山，即忘记最重要的是要保护环境和减排垃圾。

---

❶ The UN/ECE Convention on the Transboundary Effects of Industrial Accidents.

第四章

有害重金属
——垃圾焚烧炉不为人知的污染

在一次长野县某市的讲演会之后，该区域大区域垃圾处理联盟中负责引进气化熔融炉的职员以强硬的口吻对我说："照你所说的，好像重金属是从焚烧炉排放出来的，但是，垃圾中怎么会有金属呢？垃圾已经被严格分类，最重要的是金属不燃烧啊！"

在第二章笔者已经阐述过，焚烧炉排放的废气及灰渣里有各种有害重金属，并被排放到大气中了。因数量很多，因此世界各国都积极限制排放有害重金属。虽然在焚烧炉生产厂家的宣传册上，几乎都有"将铁及铝制品作为资源回收利用"之类的宣传内容，但这恰恰反映出铁及非铁产品均被投入焚烧炉的"现实"。这种"任何东西都可以焚烧"的倾向因垃圾处理的大区域计划（＝气化熔融炉）的出台而愈加严重，同时强化这种倾向的正是上述行政负责人的无知。

但是，日常用品中含有的金属不都是铁或铝。有很多情况下，人们不知道有的日用品中含有金属就当作垃圾丢掉，然后这些物品就被焚烧掉。问题在于这些日用品含有重金属类物质。❶ 人们知道与铝等轻金属相比，比重在 4 ~ 5 以上的"重的金属"类物质本来就对人身体有害。尤其是铅、镉、汞、铬，由于毒性强，被称为"有害重金属"。

对于从焚烧炉里大量排放出来的有害重金属，欧美发达国家以及 WHO（世界卫生组织）等国际机构都已认识到其严重危险性，制定了许多限制条例。这是因为重金属类物质在焚烧炉的高温下很容易气化，并被排放到大气中。残留在焚烧飞灰及底灰中的重金属，有时也许会被加工成熔融渣，但最终还是被排放到大气中。

重金属尤其会直接威胁到生活中距离地面最近的人群——儿童。儿童在玩耍过程中，重金属会轻而易举地进到体内，使其神经系统紊乱，健康遭到蚕食。无论从哪方面来看，对于垃圾焚烧，儿童都是受害最严重的群体。

在日本除了极少数的例外情况，几乎没有垃圾焚烧和重金属污染方面的研究，也没有相关的资料。即使企业掌握焚烧炉引起重金属污染的事实，其也绝不会告知公众。置身于全球化经济发展中的经济界一贯不愿意开发高成本的代用品，不愿进行垃圾彻底分类及非焚烧处理，反而通过政府的审议会及专家会议，坚持反对限制生产及限制焚烧。

在经济至上的社会里，只要是被烙上"不经济"印记的信息，无论是政策还是方法都会被彻底删除，并被置换成顺耳的信息。只要一般公众没有得到正

---

❶ 不是说与重金属相对应的"轻金属"无害。关于轻金属对人身体的影响，除了铝以外，似乎没有人研究过。

确的信息并指出存在的问题，企业就会继续采用最便宜的处理方式——"焚烧处理"。一无所知的公众每天都在源源不断地为焚烧炉提供垃圾，其中就含有那些引起痛痛病及水俣病等病症的有毒物质。

本章将以有代表性的有害重金属为主线，介绍与其相关的各类情况。

第四章 有害重金属——垃圾焚烧炉不为人知的污染

1. 焚烧炉会排放重金属——为什么？

废气中的重金属

即使听到"焚烧炉在排放有害重金属"，许多日本人恐怕也不会马上理解。也许有人认为，大家并没有把金属物质放进焚烧炉里，此外金属也不会燃烧。但是，有害重金属如下述列举的那样，实际上以多种形式存在于日常用品之中。

铬：螺栓类、燃料管子的防锈剂、皮革的柔韧剂

铅：蓄电池、基板焊锡、媒染剂、涂料、合成原料、添加剂、绘画颜料及药品软筒

汞：液晶测量仪、体温计、荧光管、牙科治疗用的汞齐、印泥

镉：电池、电子零件、IC 芯片、涂料、颜料、聚氯乙烯稳定剂、合金、电镀

问题在于这些有害重金属并没有以一目了然的形式用于日用品。大量的重金属用于印制售房广告及公司简介等色彩鲜艳的宣传册的印刷原料。人们一直用矿物质制作涂料及绘画颜料，铬黄及镉黄都是利用矿物质本身的颜色制作出来的鲜艳的黄色。由于黄颜色的塑料袋也常常含有重金属原料，因此随意扔掉用过的塑料袋是非常危险的。

然而，只要产品上没有注明"含重金属，需要当作有害废弃物处理"，我们就不会意识到重金属的存在。对于重金属这样的有毒"元素"，按理说要控制其从开采、精炼到加工、商品销售，直至废弃、处理为止这一物质流程（被称为材料流程），不能将其置于自然环境中。有许多国家已采用了这样的制度。例如，美国 EPA 的 TRI 的《有毒物质排放目录》❶ 规定，排放有毒物质超过规定标准以上的企业必须每年提交报告，EPA 要对外公开其全部数据（包括企业名称、产品名称、排放量）。

但是日本没有这样的制度。政府在 2000 年制定了 PRTR 法 ❷，这是一部关于登记、记录、公布有害物质踪迹的法规，但不是限制性法规，没有规定企业的报告义务。因为政府只是在形式上制定了制度，是否能实施则全靠企业的自

---

❶ 有毒物质排放清单（Toxic Release Inventory）。

❷ 环境污染物质排放、流通登记（PRTR：Pollution Release and Transfer Registry）

主行为，所以很难期待该制度取得成效。不只是日本企业，从现在实际通用的经济理论来讲，不管有毒没毒，只要能廉价生产和出售产品就好。持续进行成本最低廉的"焚烧处理"就是这种理论的一个实例。因此，实际上日本现在不可能实施对产品原材料进行管理、掌握真正意义上的材料流程及提交报告的制度。于是，有毒物质就在没有受到任何指责的情况下，避开公众的视线进入焚烧炉。

当我们听说重金属被焚烧难免会认为"金属应该不会燃烧"。但是，在焚烧炉的高温（800～900℃）下，重金属很容易熔融、气化。我们把物质从固体变成液体的温度叫熔点，从液体变成气体的温度叫沸点。下框中列举了部分金属的沸点温度。

镉	767℃
铅	1 740℃
汞	356.6℃
六价铬	2 642℃
砷	614℃（另外，金属砷在400℃燃烧后，形成有毒的亚砷酸）
锌	907℃

某些金属元素与氧结合（氧化，即"燃烧"的本质），有的金属元素与其他元素结合（产生氯化物、硫化物等化合物）后，通过烟囱排放到大气中，部分重金属累积在飞灰渣及残渣中。如此排放到大气中的重金属在从烟道排放出来的一瞬间有的马上就凝固落到焚烧炉附近地面，有的乘风飘到了几千公里之外。其去向的确"不详"。

由于气化熔融炉等最新型的焚烧设备比原来的旧式设备燃烧温度要高得多（1 200℃以上），重金属类物质的气化更加迅速。这些"新一代焚烧炉"都被标榜为高效废气处理装置。但是，重金属是自然界原本就存在的"元素"，不像二噁英那样是后来生成的"化合物"。也就是说，金属元素气化后，可以与其他元素结合形成化合物，但物质本身并没有消失。

因此，即使用高效装置从废气中除掉了重金属，但重金属的总量却没有变。如果排放气体中的重金属减少了，焚烧灰渣及飞灰渣中的重金属成分就会增加。二噁英也是同样的道理，如果排放气体中的二噁英减少了，则焚烧灰渣中的二噁英就会增加。总之，只要继续进行焚烧处理，就无法阻止有毒物质的排放，也不能彻底解决问题。

另外，在常温下为液态的汞，即使在较低温度下也会气化，无须通过排放装置处理就几乎全部从烟道（烟囱）排放到大气中。关于汞的情况将在下一章详述。

焚烧灰渣中的重金属

没有到达烟囱的留在焚烧炉内的重金属，大多存在于焚烧灰渣尤其是焚烧飞灰（Fly Ash）里。飞灰的质量只占焚烧灰底（Bottom Ash）的大约十分之一，但二噁英及重金属的含量却占了绝大部分，其毒性也就成了"焚烧"的最大问题。美国 EPA 曾批准要求降低处理成本的焚烧行业可以对飞灰和底灰进行"混合处理"，但却引发了激烈的争论，这在第二章中已做了叙述。

因此，只要继续进行焚烧处理，焚烧灰渣就不会消失。此外，随着垃圾数量不断增加，垃圾越多样化，焚烧灰渣的毒性就越强，（因为未知物质也会增加）也就越无法进行控制。

以焚烧为主的日本也是最大的焚烧飞灰的"生产国"。然而，在日本的废弃物处理法规《二噁英指导方针》出台之前甚至没有"飞灰"一词❶。飞灰和底灰都被称为"焚烧灰"，充其量只会被指定为"特别管理废弃物"而已。关于特别管理废弃物（分为一般废弃物和工业废弃物），法规中规定了一些注意事项，如在填埋时要用土覆盖严实，避免飞扬，不要让从垃圾中溶出的废水渗漏等。但在现实中，包括东京都的日出町垃圾填埋场在内的各地垃圾填埋场接二连三地发生了有毒物质泄漏的事故。《废弃物清扫法》的"规定"形同虚设。

然而此后，政府突然在《二噁英指导方针》中规定相关设施有义务对飞灰和焚烧灰底渣进行混合处理和熔融固化处理。不仅如此，政府还下达了数次通知（见下述），要求积极将熔融处理后的熔渣用作修建高楼大厦及铺设道路施工的材料。这是因为如果难对付的熔渣原封不动地剩下来，政府描绘的"循环型社会"的蓝图就不完整。

但是在当今社会的物流渠道，由于人们热心采购熔渣用作"环保水泥"的原料，因此前提条件是必须增加垃圾，其结果只能是扩大垃圾处理设施对周围的污染，形成"有毒物质循环型社会"。而混凝土及沥青经过风吹日晒雨淋终究会老化，其中的毒物会重新扩散到周围环境中。进入周围环境的有毒物质通

❶ 《废弃物处理法》中只是规定了将"焚烧灰"作为特别管理工业废弃物运到管理型填埋场处理。

过水系被动植物吸收，并逐渐通过生物积累——浓缩的途径被人体吸收。最终将会因酸雨及臭氧层破坏、森林减少等加速全球规模的环境恶化，从而缩短重金属溶出循环的时间。

1999年在英国纽卡斯尔发生的一个事件证实了上述假设。当时由于市民农园使用了垃圾焚烧灰渣，农作物及土壤受到高浓度重金属和二噁英的污染。焚烧灰的熔渣不仅被用作农园铺路的材料，还被用作农园的肥料（本来可以选择其他肥料）。结果污染发生后农园被禁止入内，农园收获的农作物及鸡蛋全部被禁止上市，清除和处理污染的土壤更是花费了巨额费用（处理机构及处理方法不详），当地居民还把当事人告到了法院。其后法院在2001年1月判决当事人CONTRACT HEAT AND POWER公司有罪，由环保局处以3万英镑的罚款。❶

由于上述事件的发生，纽卡斯尔的市民为了把公众的意见体现到政府决策中，建立了与政府直接对话的机制，并与其他利益相关者共同积极采取措施开展了"减少垃圾，创建健康城市的活动"。

日本规定了（垃圾处理机构）灰渣混合处理义务

日本的《二噁英指导方针》（针对气化熔融炉的）的最大要点是允许气化熔融炉（灰渣熔融炉）自动地把焚烧灰底和飞灰加工成熔渣。即使没有注明"灰渣混合处理"，但所采用的工艺无法把焚烧灰底和飞灰进行分离。也就是说，在人们还没有把飞灰的毒性当作问题时，日本环境省就已设置了无法对其进行探讨的体系。

了解到上述情况后，再来阅读一下环境省的下述"通知"，就会知道尽管环境省已掌握事实真相，但并不公布相关信息。环境省不仅百分之百了解焚烧炉会排放大量重金属，还很清楚废气中主要含有汞、铅及镉等重金属，其余则残留在焚烧灰（飞灰）中。也就是说，环境省对焚烧废气及焚烧灰的毒性了如指掌。

---

❶　在垃圾处理民营化的英国，发生了许多处理业者篡改数据、隐匿信息的事件。

（环境省）公布的资料

1998 年 3 月 27 日

关于促进实施一般废弃物的熔融固化物的循环利用

1. 宗旨

·所谓熔融固化的处理技术，是将焚烧灰渣等废弃物加热，大致在 1 200 ℃ 以上的高温下使有机物燃烧，同时将无机物熔融后进行冷却形成玻璃质固化物（以下简称为"熔融固化物"，也称作"熔渣"），该技术对防止重金属溶出、分解和减少二噁英类物质十分有效。

·关于熔融固化物，如果能保证其质量，可作为路基材料及混凝土粒料使用，恰当地推进其使用对延长最终填埋场的使用年限会有良好效果。

·因此，从保护生活环境的角度应充分考虑熔融固化物的使用，特此规定在实施一般废弃物熔融固化时要遵守的注意事项。在此基础上，为了利于按照规定正确实施循环利用熔融固化物，制定了《循环利用一般废弃物的熔融固化物的指导方针》，并通知到各地方公共团体。

2. 熔融固化物的用途

为了达到下列第 3 项规定的预期标准，熔融固化物可用于以下几个用途：

路基材料（路床材料、下层路基材料、上层路基材料等）；

混凝土用的骨材、沥青混合物骨材；

回填材料；

混凝土二次产品材料（人行道用地砖材料、空洞井盖材料、透水性地砖材料等）等。

3. 关于一般废弃物的熔融固化物循环利用指导方针的概要

有关熔融固化物的预期标准

参照土壤污染的环境标准，设定下列熔融固化物的预期标准：

重金属项目	溶出标准
镉	0.01 mg/L 以下
铅	0.01 mg/L 以下
六价铬	0.05 mg/L 以下

重金属项目	溶出标准
砷	0.01 mg/L 以下
总汞	0.0005 mg/L 以下
硒	0.01 mg/L 以下

关于再生利用应遵守的注意事项

在进行焚烧灰渣熔融循环利用中，为了不给保护生活环境带来不利的影响，应注意遵守下述事项：

正确处理熔融处理产生的废气、粉尘；

正确处理熔融固化物的冷却水；

对循环利用的熔融固化物进行定期试验；

确保长期利用熔融固化物的客源。

何谓熔融固化物

·熔融固化物也叫作"熔渣"，即在 1 200 ℃以上的高温下，焚烧灰渣被加热、熔融和冷却凝固后形成的物质，其中的有机物经热分解被气化或燃烧掉，剩下的无机物就成为熔渣。

＊1. "熔融"指的是固体被加热后形成液体的过程。

＊2. "固化物"原意为精炼矿石时产生的渣滓、矿渣，此处指的是焚烧灰渣熔融后经冷却形成的具有玻璃质性状的物质。

·因此熔融固化物具有下述特点：

在焚烧灰渣中含有的金属类物质中，低沸点的重金属类物质（例如水银、铅、镉、锌等）在加热、熔融时容易挥发及进入排放的废气中，可利用该特性降低其在熔融固化物中的含量。

残留在熔融固化物中的重金属类物质会被熔融固化物的主要成分二氧化硅（SiO_2）的网状结构阻挡，因此有可能利用该特性获得防止重金属溶出的良好效果。

焚烧灰渣等的二噁英类物质在熔融时的高温下，经过热分解后几乎不会残留在熔融固化物之中。

咨询处：水道环境部环境整备科 03-3503-1711（分机 4046）

（注：虽然环境省也使用"熔融"一词，但笔者使用这个词是为了更好地表达实际状况。）

对熔渣制定"离子溶出标准"一事本身就说明该副产品存在危险性。幸亏有许多的地方政府（恐怕出于本能反应），在熔渣使用上显得有些犹豫不决。但与此相反，水泥行业及高炉生产厂家却将熔渣及垃圾当作"燃料"❶大量使用。由于工业界甚至准备将低放射性废弃物都作为垃圾（＝循环资源）进行焚烧处理，也许在不久的将来，用熔渣做原材料的建筑物及道路会变成危险地带。因此，应尽早制定禁止使用熔渣及对其进行安全保管的规定。

只有公众不知道重金属污染

为什么在《废扫法》中没有对"飞灰"作出规定？难道是环境省不知道其存在吗？当然不是。早在1975年日本环境厅（当时的名称）与美国环保署就已缔结了环保方面的日美协定❷，并开展定期工作协商、技术人员及专家互访以及实施联合项目等工作。其中包括相互间的研究活动，政策、实践、法令、项目实施过程中的分析研究等。关于EPA的飞灰混合处理之事及其他与之相关的事件，因与上述合作活动关系密切，双方之间理应已有通报。

然而日本与美国不同，自始至终没有出现过关于飞灰毒性的探讨。在废弃物处理法中没有出现"飞灰"一词就说明该问题还没有暴露出来。但是，如果今后开发出去除重金属的技术，就会将重金属污染问题公之于众（与最初二噁英问题发生的时候相同）。同时，解决措施的出台则意味着"将该问题公之于众也无关紧要"。反过来说，分解技术问世时（与是否有实际效果无关），企业早已在等着二噁英及重金属污染问题的发生。

如果利用互联网检索关于焚烧炉与重金属的研究资料，能查到堆积如山的信息。大多是企业和政府部门的研究机构发表的关于如何阻止重金属排放或如何有效去除重金属的论文，并且有许多论文只有英文摘要。现从中选出两份，简要翻译其中的部分内容（摘自废弃物学会刊物，下划线由笔者标注）：

一、《关于一般废弃物焚烧炉飞灰处理研究》，东京都清扫局，古角雅行

"<u>焚烧灰中含有有害重金属和二噁英是长期以来存在的严重问题</u>。在东京每年要焚烧300万吨以上的垃圾，产生50万吨的焚烧残渣和5万吨的焚烧飞灰。根据1991年修改的《废弃物处理法》，可以用熔融法、水泥、固化、螯合物处

---

❶ 如果将熔渣和垃圾当作燃料、再生资源回收，作为"资源"可回避各种（有关垃圾的）规定，如果没有人回收就是"垃圾"。

❷ http://www.EPA.gov/oiamount/regions/Asia/japan/coop.html.

理及化学熔融法处理飞灰。经过重金属离子溶出试验检测，无论采用哪种处理
方法都显示相同的结果，但从垃圾终端处理数量和毒性来看，熔融处理方法最
有效。然而，对于三种熔融处理方法，有关方面正在研究如何净化排放气体、
有效除去噁及捕捉重金属等。另外，需要确保处理后灰渣的市场需求。"（1993
年 11 月❶）

二、《影响螯合处理后焚烧灰渣中重金属稳定性的要素》，田中信寿等，北
海道大学大学院工学研究科环境资源工学，株式会社鹿岛

"螯合处理方法用于稳定垃圾焚烧灰中的重金属。该研究的目的是为了获
得以螯合处理稳定重金属时的螯合物和焚烧灰的最佳混合比率。同时选择铅作
为有代表性的重金属，把焚烧灰和螯合剂以不同比率、在不同 pH 值混合，有
时根据不同试验对象需要添加氯化锌等试剂。根据环境省《通知 13》对试验
结果进行分析后得知，上述处理中铅和铜相对于螯合剂的含量是决定因素，而
通过添加 pH 值调节剂（将 pH 值调节到 8 ～ 9 之间）可以控制铅的排放。"❷（1998
年 11 月）

所谓焚烧灰的熔融固化、熔渣的循环利用完全属于实施国策的具体措施
的研究。但是，如上述下划线部分所示，企业及研究人员都十分清楚飞灰渣
中含有许多重金属及二噁英。问题是公众对于这些情况并不知情，也不了解国
家所做的只是研究如何"对症下药"，即如何防止焚烧灰中的有毒物质排放到
大气中。

政府应该告诉我们的是，在焚烧灰渣中到底含有多少重金属（平均值）？
这些重金属如何扩散、对人及环境造成什么样的影响？人们应该如何避开危
险？其回答恐怕只有"禁止焚烧处理"了。可悲的是，"产官学（产业界、行
政部门、学术机构）"协作的研究方向几乎都是公众最想避免的方式。其理由
还是因为钱。政府绝不会给予国家政策背道而驰的研究提供项目资金的。岂止
如此，对于从事与国家政策相悖的课题，即公众真正期望的垃圾减排及限制生
产、废除有害物质等研究的人员，等待他们的将是被调离岗位及调充闲职等报
复措施。如此而来，我们当然无法培养出真正的学者，反而会不断出现一些荒
唐可笑的教授。由于金钱使大学及研究机构这些具有"良知和知识的学府"衰
退、腐败，长期以来我们"被"置于"无知"状态。

---

❶ 该文的日文概要请参见废弃物学会网站 http://www.jswme.gr.jp/edit/abst/。

❷ 源自 http://www.jswme.gr.jp/edit/abst/.

目前日本没有完全独立于政府之外的第三方研究机构❶。即使有，恐怕也难以从民间筹集基金，而苦于资金不足。另外，现在所谓的"独立"机构（包括 NGO、NPO），由于捐款和机构负责人的人事安排，有许多政府及企业人脉关系涉及其中，其结果有不少成了政府的派驻机构。因此，作为解决这些问题的第一步，恐怕首先要对日本垃圾行政管理中涉及整个政治体制的黑幕开刀。

---

❶ 冠上"独立"的研究机构，多由原行政部门人员（OB）（即争取辅助金的角色）担任机构的董事（而相关行政部门则是将研究项目委托给这类研究机构的客户）。

2．重金属污染与健康危害

重金属为什么对身体有害？

　　被称之为"有害"的重金属"栖息"在地下深处。因为重金属本来不存在于人体中，一旦进入人体，由于人体无法将其分解、代谢，便在体内累积、浓缩，继而会危害人体健康。❶进入人体的重金属早晚会进入半衰期并被排掉。但是，重金属的半衰期非常漫长，在滞留于人体期间，会给人体各部位造成损害。另外，一旦进入人体的重金属超过人体正常的代谢能力时，体内重金属浓度会逐渐增加，并导致死亡。

　　正是由于所有重金属都具有（二噁英也有）"难分解""生物积累""生物浓缩"等特性，所以其会对持续新陈代谢的人体产生危害。

　　再来看物质本身的毒性。

　　假设进入体内的汞有 80% 将停留在体内，首先会在肾脏积累，之后就会转移到脑部（中枢神经）。另外，如果突然吸入汞蒸气会引起胸痛、呼吸困难、咳嗽、咯血等症状，有时会引起间质性肺炎甚至死亡。汞化合物进入体内后，会引起溃疡性肠胃炎、急性尿细管坏死，如不做透析治疗会因无尿症死亡。亚急性接触汞会引起暂时性精神错乱、幻觉、自杀倾向等精神性反应。

　　读者应该会注意到，上述这些症状与我们平时对"中毒"的认识是基本一致的。有害重金属之所以被认为是"有害"的，正是其本质上具有毒性。

　　日本在 20 世纪 60 年代的经济高速发展时期经历了多次公害事件。其中因重金属矿业的采矿、精炼引起的污染（被称之为"矿毒事件"）连续产生了许多悲惨的受害者。但在矿业已经完全衰落的今日，我们又被迫再次面对由垃圾焚烧产生的"矿毒"事件。

重金属污染与孩子们

　　重金属进入人体的途径有三种，即①吸入、②经口摄入、③经表皮吸收。因此，就对人体的危害来看，最危险的是置身于含重金属环境的工厂工人。但

---

❶　在金属中，锌、硒、碘等被称为必需微量元素，虽然不能缺少，但必须避免大量摄取。

在现实情况中，受害更严重的是儿童。

有报告显示成年工人通过调换工作岗位中毒症状会逐渐减轻。然而，儿童稚嫩的内脏器官正处在生长发育阶段，不能排出重金属等毒物，会遭受长期的甚至有时是不可恢复的损害。

儿童的行为举止往往与成人完全不同，比如在沙地上玩耍，摔倒后会哭，触摸各种东西，并想往嘴里放，会有许多污染物经嘴或皮肤进入体内。另外，婴幼儿容易把滞留地面附近的污染物吸入肺里，由于他们的肺及气管狭小，引起哮喘及过敏的可能性也远远高于成人。

二噁英类物质具有类似激素的功能（环境激素），会搅乱人的生殖功能，而重金属滞留在脑内会搅乱神经系统，并引起意识障碍、认知障碍、情绪稳定性差等与"精神疾病"十分相似的症状。虽然国外已开发出用药物治疗重金属中毒的螯合疗法，但在日本由于对重金属中毒疾病的认知程度很低，医生也不具备相应诊断能力。因为绝大多数医生甚至没有诊察过水俣病。

四五岁的幼儿期是人一生中对化学物质及有毒物质最敏感的时期，在这个时期接触了有害物质，会产生长期甚至终生的影响。尤其是有些种类的有害重金属很容易通过母亲的胎盘进入胎儿体内，搅乱正在发育的胎儿的神经系统，产生各种障碍及功能不全。作为胎儿性水俣病患者出生的婴儿正是以无言的方式谴责重金属污染以及我们这个对其放任自流的社会。

在国外发达国家，有害重金属与儿童疾病的关联，如汞与注意缺陷及多动障碍（ADHD）、学习障碍（LD）、自闭症、抑郁症等的关联，以及铅与暴力倾向的关联都已得到证实。发达国家对于各种有害化学物质及重金属设定了安全状态下接触上限标准值，并随时代发展不断下调其上限值。这是因为人们已经了解到即使人体接触到的重金属量远远少于从前的标准也会对人体产生危害。要证明有害物质不存在临界值（即使微量也不安全）已为期不远。联合国环境规划署（UNEP）及 EU 已在为彻底废除有害物质积极开展工作。

国外行政部门开展的工作首先是向公众"告知危险性"。如果在美国 EPA 网站主页检索有害物质，我们可以了解到物质的物理特性、历史、生产企业、数量、毒性、如何避免中毒以及向哪里咨询等，会找到堆积如山的信息（在"铅"的项目里还列举了实例）。每种物质都有对应的信息中心，从中可以获得更详细的信息。

另外，许多 NGO 在批判性地分析政府发布的资料后，提供自己的独立信息，读者可对信息进行比较探讨。❶NGO 提供这些信息的目的是要"好好保护儿童"。对于无法保护自身安全的幼童，社会人士应当伸出援助之手，让儿童们健康成长，这也是人类社会应有的基本功能。尽管任何一部日本法令的"目的"一项中都会写上"为了社会发展（＝振兴经济）"，但对发病率异常上升的儿童哮喘、特应性皮炎，政府却未采取任何救治措施。

有害重金属与公害事件

在其他发达国家中没有一个国家像日本经历过如此之多重金属污染和悲剧的。在此对汞、镉、六价铬、铅及砷的生产量和用途、毒性及其相关公害事件做个简单介绍❷。

汞

国内生产量：9 029 公斤（汞化合物，1997 年统计），气体排放量❸：30 公斤

用途：电子工业产品、医疗器械、药剂、催化剂、氢氧化钠、提炼黄金、荧光灯、体温表、汞合金、电池、美白香皂等

急性中毒症状：恶心、呕吐、腹泻、血压升高、心跳加速、皮肤出疹、眼睛发炎、腐蚀性支气管炎、视野狭窄、语言障碍、神经衰弱、记忆障碍、知觉麻痹、昏睡、运动失调、死亡

慢性中毒症状：头疼、疲劳、气短、注意力不集中、震颤、痉挛、记忆丧失、兴奋性亢进、严重抑郁状态、性格变化、精神错乱、幻觉（甲基汞慢性中毒：视觉障碍、步行困难、昏睡、脑障碍、水俣病）

20 世纪 50 年代发生的日本水俣病是世界上最恶性的汞污染事件，现在仍然臭名昭著。起因是智索株式会社水俣工厂将含有制造乙醛时使用的催化剂硫酸汞的废水长期排放到水俣湾。汞在港湾海域的鱼虾海贝体内积累后，最初是吃了上述鱼虾的猫和狗出现异常死亡。随后不久，食用了同样鱼虾类的人也开始患上"怪病"。虽然 1965 年国家就已经认定了首位水俣病患者，但企业和国家明知怪病的原因是废弃物中的汞，在很长时间内未采取任何应对措施。不仅如此，企业为了避免外界追究原因，改变了排水口位置，继续排放污水，导致污染扩大至不知火海整个海域。其后该工厂于 1968 年迁到了千叶县五井市，

---

❶ 第 3 节《用完资源就丢弃掉》中介绍了美国政府的研究机构与 NGO 的资料。

❷ 根据 UNEP、WHO、其他的 NPO 的资料制作。

❸ 国内的大气排放量摘自环境厅 PRTR（污染物质排放、流通、登记）试点项目数据（川崎湘南地区的试验性调查）。

但禁止在水俣湾捕鱼的规定自那时起持续到了 1997 年。而且在此期间，处理附近海域被污染鱼类的捕鱼作业一直在进行。

后来受害者提起了"水俣病诉讼"，但政府及企业根本不承认他们有任何责任。他们还指使学者和行政人员作出对患者不利的证言，并尽可能减少被认定患者的人数。政府和企业的这种做法甚至成了之后处理 KANEMI 油症事件的样板。政府这种不负责任的做法导致了 1965 年新潟县阿贺野川流域的"第二水俣病"（昭和电工）及九州有明海的"第三水俣病"（1973 年）的发生。其中关于第三水俣病，政府和专家通过调查，得出否定的结论，认为"不是水俣病"，而当时在日本国内生产乙醚的工厂周围，肯定发生了许多类似的事件。

水俣病的认定患者为两万人以上。由于水俣病的症状惨重，估计还有很多受害者因此害怕被称为"怪病"患者而保持沉默（未接受认定）。水俣病诉讼十分漫长，部分受害者接受了调解，而部分受害者直到（作者写作本书的）2004 年还在继续起诉。

对于智索公司水俣工厂排放出来的汞总量，有人估计在 380 吨到 600 吨。如果借用第二章的数字进行简单计算（即按照日焚烧量 100 吨的焚烧炉一年排放的汞量为 92 公斤计算），日焚烧量 1 000 吨的大型焚烧炉 30 年排放的汞大约在 27.6 吨❶。不过，日本全国的焚烧炉的焚烧能力为日焚烧量 20 万吨（根据 2000 年环境省公布的数据）。从理论上看，这些焚烧炉一年排放的汞总量仅为 184 吨，5 年累计向大气中排放了 920 吨水银❷。这个数量略微高于排放到水俣湾的最高汞总量估计值。然而，由于焚烧后排放的废气会大面积扩散，其浓度会逐渐降低，因此在排放后很长时间后才会产生肉眼可见的危害。等到亲眼目睹到危害才采取措施恐怕已为时过晚。

镉

国内生产量：2 343 610 吨（金属镉，1997 年统计）

废气排放量：川崎：30 公斤 / 年，湘南：7 公斤 / 年

用途：颜料，涂料，镍镉电池，合金，电镀，聚氯乙烯稳定剂

急性中毒症状：咳嗽，胸痛，支气管炎，肺炎，恶心，腹泻，痉挛，流涎，知觉障碍，肝功能障碍

慢性中毒症状：肺气肿，肾功能障碍，肝、肾、脾、心脏及脑的异常，骨软化症（痛痛病的症状），职业性中毒

---

❶　0.092 吨 × 10（倍）× 30（年）= 27.6 吨。

❷　0.092 吨 × 2000（倍）× 5（年）= 920 吨。

多发于 20 世纪 60 年代，在三井金属公司的神岗矿山（位于岐阜县）发生了镉污染公害事件，该事件与其别名——"痛痛病"的名字同样广为人知。排放到富山县一侧的神通川工厂的污水污染了其周围的广大流域，给食用了该地区收获的大米的当地居民，尤其是女性带来了严重的伤害。积累在肾脏的镉会使身体缺钙而引起骨质疏松症、骨软化症，使全身的骨骼变脆容易骨折，体内的镉还会刺激神经并引起剧痛。难以忍受疼痛的患者总是喊"痛！痛！"，因此而得此病名。

在该地区的这种"怪病"远在大正年间就曾发生过，但在当时军国主义横行的社会形势下，没有人把它当作公害来看待。神岗矿山生产的铅及锌是重要的军事物资，因此所有的信息均在政府控制之下。

发现痛痛病并主张"镉矿毒"学说的是富山县的一位城镇医生和一位远在冈山县居住的科学家。对此，日本的学术界、政府和企业都强烈抵触。但这两位在美国研究机构的援助下，做了大量实验，证实了他们的主张。根据这个发现，受害者终于对企业提起了诉讼（1967 年），使厚生省认定该病为公害病（1968 年）。

几乎与此同时，在群马县安中村发生的矿毒事件，也是在生产锌的过程中因镉及硫酸气体而产生的复合污染事件。而且也是因为要优先保证军需物资，对受害者的救济被推迟了。有一个当时经常使用而如今几乎成了"死语"的词，即"矿毒事件"。一提到这个词语就会令人想起战火硝烟般的气味和人们的痛苦、茶红色的荒地等情景。但是，日本工业界现在还在使用镉，在人们没有意识到其存在的情况下在继续焚烧含镉废弃物。矿毒事件并不是过去了的事情，只不过变换了形式，改变了地点，还在继续威胁着人们的生存。

六价铬

国内生产量：不详❶

废气排放量：不详

用途：防止螺栓类、燃料管道等的生锈，皮革的鞣料，聚氯乙烯稳定剂，合金

急性中毒症状：恶心、呕吐、腹泻

慢性中毒症状：肝功能、肾功能障碍，内出血，呼吸障碍，鼻中隔溃疡，肺癌，职业中毒

1973 年在东京都江东区，在挖掘地铁隧道时发现了大量的铬矿渣。在该

---

❶　未检索到六价铬、砷的产量。

地区曾经从事过生产活动的日本化学工业（简称"日化"）知道六价铬矿渣有毒，还不断丢弃在该处，然后把被污染的土地卖给了东京都住宅供给公社等。

在回忆铬公害斗争的居民的资料中，留下了这样的记述❶："当时，在日化的工人中发生了因肺癌而死亡及鼻中隔穿孔等公伤，还有许多当地居民申诉健康受到了危害，甚至出现了人员死亡的情况。""在南工厂工作的工人，有的鼻子（鼻中隔）出现了穿孔，不得不长期缺勤，最后去世了。"工人们从未被告知接触的物质对身体有害。

1975 年，根据居民的调查再次在再开发项目用地发现了被丢弃的铬矿渣，成了当时一个严重的社会问题。虽然居民们要求东京都停止住宅的建设和销售，但当时的美浓部知事对居民的要求置之不理，在工厂旧址上建起了高层公寓，并开始出售。并且，还为入住者建了幼儿园，开始了儿童保育。关于铬矿渣，东京都政府在 1979 年与日化签署了协议，规定日化应运走小松川工厂旧址中含量在 1000 ppm 以上的矿渣，对于含量在 1000 ppm 以下的矿渣作为"污染土"就地与还原剂混合进行处理。但到了 1990 年，各填埋场已无处可埋，也找不到其他填埋场地，所以大量污染土以填埋到了运动场旧址上的方式"处理"了。

1991 年 10 月，随着迁入堀江公寓住户的增加，在小松川工厂旧址上修建的"风之广场"公园对外开放。但不久人们就看到在雨后的公园里开始出现鲜黄色的水洼并不断扩大，而孩子们就在水洼里玩耍。翌年的 6 月从公园的排水沟中检测出了含有高浓度六价铬的污染水。另外，1994 年在该地区修建残疾人设施过程中，再次发现了地下有大量六价铬矿渣。江东区耗资 1 亿 4 千多万日元进行了"处理"，而居民成立的"思考公园的铬之会"成员以公民诉讼起诉日化，要求其支付相关费用（1996 年）。该诉讼于 2001 年以日化支付江东区 1 650 万日元等条件达成和解。虽然支付的金额很少，但却是认可"污染者负担原则"的第一起案件。

但是，在那之后出台的《土壤污染对策法》却倒行逆施，形成了保护企业权利的"所有者负担原则"。而揭示剧毒六价铬危害和巨大都市东京阴暗面的该事件，却鲜为人知，至今人们都不知道整个处理的过程。但是，那些有害重金属，肯定还在从现在被埋着的地方悄无声息地释放着污染。

铅

国内生产量：（1997 年）铅丹：6 991 吨，铅黄：33 284 吨

废气排放量：川崎：920 公斤 / 年，湘南：39 公斤 / 年

---

❶ 《来自墨东的通讯翻印版1》铬污染斗争20年历史，思考公园的铬之会，1995 年。

用途：铅管（自来水管），蓄电池，电线包皮，燃料添加剂，弹药，钓具铅坠，焊锡

急性中毒症状：发炎，四肢麻痹，呕吐，痉挛，昏迷，死亡，脑病

慢性中毒症状：高浓度时会引起中枢神经性功能障碍，贫血，记忆障碍，肾功能障碍，消化器官障碍；低浓度的情况为疲劳，四肢感觉异常，失眠，胃痛，便秘，头痛，恶心

污染物来源：铅的精炼、生成，煤炭、石油的燃烧，焚烧炉，金属溶解炉，汽车尾气

自古以来人们就知道铅会引起神经功能障碍及脑病等疾病。欧美从 20 世纪 80 年代起开始限制铅的使用，EU 也决定自 2003 年起开始阶段性地禁止在产品中使用重金属。日本的产业界也因此终于放弃了在汽车零部件、含铅汽油（已开始限制）、自来水管等使用铅。

在日常生活中，人们意识不到铅的存在。在生活中铅污染来源除了焚烧炉之外，还有自来水管道，但政府已在各种宣传活动中告知人们对这些现象"不必大惊小怪""铅的危险性不高"。

还有一个不为人知的高浓度铅的污染源，那就是"射击场"。与因散弹猎枪造成野生物的铅中毒相比，公众对于更影响生活的严重的射击场铅污染，则毫不知晓。

2002 年 4 月神奈川县关闭了伊势原射击场，这里每年可接待游客约 3 万人。理由是要进行"铅污染调查"。该射击场自 1972 年开始营业，这次是因要实施营业之初时就预定进行的清除飞碟射击用的散弹造成的高浓度铅污染土的"环保项目"而关闭。被污染的土大约有 5 万吨，该环保项目从 2003 年起进行了 4 年，总费用为 20 亿日元。对于具体的含铅量及浓度，神奈川县未对外公布任何数据，但据计算应为 1 440 吨 ❶。

用该含铅量除以被处理的土壤质量 4.982 1 万吨，可得出 2.89% 的数字。也就是说，在处理的土壤中每公斤的含铅量为 28 900 mg。该数值超过了土壤污染对策法规定的上限 150 mg/kg 大约 200 倍。由于铅的致死量是 45 000 mg/kg，因此伊势原射击场的含铅量已达到致死量的 60% 以上，对于儿童来说已经达到了致死量。我们应该可以认为该数值可适用于日本其他众多的公营或私营的射击场。另外，对于这样的污染土壤的"处理"，其具体处理方法及污染土的下落都未公布过，有关方面至今未发表过任何报告。

---

❶　①一年使用人数 3 万人，其中飞碟打靶（使用铅弹）2 万人，②人平均使用 100 颗子弹，③每颗子弹含铅量为 24 克，④经营年数按 30 年计算，即①×②×③。

然而，在美国的 EPA 网站却有很多篇幅都是关于铅问题的内容。从主页开始打开"农药和有毒物质的预防""污染、预防和有毒物质"，就会找到"在含铅的涂料、灰尘及土壤"的内容。

铅是有毒金属，并且毒性非常强，日常生活用品中随处可见。铅会导致各种各样的健康障碍，从行为障碍、学习障碍到产生疾病甚至死亡。

最容易铅中毒的是 6 岁以下的儿童。因为儿童在这个年龄段发育最快（笔者注释：因为生长发育阶段的身体吸收量更大，神经系统容易受到损害）。孩子们接触到铅的主要原因有下述几种情况：

——含劣质铅的涂料

——被铅污染的灰尘

——被铅污染的自家土

EPA 在告知人们家庭的铅危险性方面发挥了重要作用。1978 年在美国血铅水平高的儿童达到了 300 万～ 400 万人。到了 20 世纪 90 年代减少到了434 000 人，现在还在继续减少。

从 20 世纪 80 年代起 EPA 与联邦政府一起，开始阶段性地减少含铅汽油，减少饮用水中的铅，减少工业生产中向大气排放的铅，限制或禁止包括在家庭用涂料在内的产品中使用铅。州及地方政府鉴别出受铅污染的儿童，让其接受治疗，并制定恢复房屋使其达到无铅污染状态的计划。另外，家长也让孩子接受血液检查，这些措施都大大减少了铅污染对儿童的影响。

美国 EPA 开展了"铅认知（了解）计划"●，今后还将继续加强管制，进行研究，普及教育，让人们避免遭受铅的毒害，保护人与环境的健康。

在美国，人们大量使用含铅的涂料（白色居多）。随着房屋的老化，剥落的涂料会引起铅污染。受害者大多为不能负担修缮费用的贫困阶层（非洲裔美国人及西班牙裔美国人），很少有白人富裕阶层发生这类情况的报告。❷

通过对儿童的诊察得知，积累在肾脏的铅会通过胎盘转移到胎儿体内，即使是较低水平的铅含量也会影响到孩子的认知行为发育，容易引起注意力不集中及暴力犯罪等冲动行为。铅中毒也可使成人产生妊娠障碍、不孕症、高血压、消化器官障碍、肌肉及关节痛等症状。也许可以说铅是引起神经功能异常、注

● "铅信息告知项目"（Lead Awareness Program）。另外 EPA 按不同有毒物质分别制定了减排计划及设立了信息中心。铅的信息中心为"国家铅信息中心"（The National Lead Information Center，简称为 NLIC）。

❷ 源自 2003 年 9 月 19 日 Peter Orris 讲演会。

意力无法集中、记忆障碍甚至产生人格变化的毒物。除此之外，EPA 网站上还提供《铅的基本知识》《铅对健康的影响》《可在家里进行的铅检测》《为了保护你的家人不受铅的伤害》等信息，由此可见美国的铅污染到底有多严重。

砷

    国内生产量：不详

    废气排放量：不详

    用途：防锈、皮革鞣料、聚氯乙烯稳定剂、合金

    急性中毒症状：中毒、手脚出疹、肝功能障碍、抑郁

    慢性中毒症状：肝功能障碍、衰弱、食欲减退、胃肠功能障碍、末梢神经炎、肝炎、流涎、咳嗽、腹痛、皮肤障碍

砷是制作农药、白蚁驱除剂及化学武器的原材料，同时也是暗杀最常使用的毒药，比较著名的是发生在日本和歌山县的在咖喱中混入砷的保险金诈骗事件，以及最近有关"发现"和"处理"原日军毒气武器的报道。

最严重的砷污染事件是 1955 年（昭和三十年）的 130 名婴幼儿死亡、12 131 人 **❶** 中毒的森永乳业（株）的森永牛奶砷毒事件。其原因是制造奶粉用的磷酸钠里的砷混入到了奶粉中。由于厂家在很长一段时间里生产了有毒奶粉，有关方面未能立即查出有毒物质，而导致了受害范围扩大。

饮用了含砷牛奶的婴儿最初出现了发烧、咳嗽、流泪、腹泻、呕吐等症状，然后，呈现了湿疹色素沉着、肝肿大、脱发、腹部膨胀、贫血等砷中毒的特有症状。对于婴儿来说，由于无法得到唯一粮食来源牛奶，便出现饥饿、脱水症状，或是因腹水、黄疸、痉挛死亡。幸存下来的儿童有很多人患上了癫痫、脑性瘫痪、智障等后遗症，幸免患上脑障碍的人也没有独立生活能力。

事件发生后不久，根据冈山大学医学部的分析结果得知奶粉中含有砷，直到该结果公布为止，毒奶粉一直都在市场上出售。虽然从死亡婴儿的内脏器官（尤其是肝脏、胆囊、心脏、肾脏等）检测出了高浓度的砷，但是森永公司以因果关系不明为借口，在事故发生后的 17 年里一直拒绝赔偿。

1972 年森永乳业、受害者方（"森永奶粉中毒儿童守护会"，1969 年成立）和厚生劳动省三方终于就"永久性对策"达成一致。然而，由于在三方之间约定的患者救助机构"财团法人光协会"是作为厚生省大臣认可的特殊法人而设立的，该机构多数项目经费几乎都来自国家用于解决该事件的"国家承担企业责任"这一模式，也曾被用于解决其他污染事件，该模式实际上起到了救助企

---

❶ http://www.hikari-k.or.jp/jiken/frame-e.htm "财团法人光协会" 网站主页。

业的作用。此后，"光协会"没有再对受害者进行定期检查及跟踪调查，甚至没有掌握该事件的准确死亡人数及未登记的患者人数。

由部分受害家属单独成立的"有志之会"指出上述磷酸钠的来源其实是废弃物。

"日本轻金属清水工厂制造的工业废弃物，以工业用第二磷酸苏打的名义，掺入了森永生产的配方奶粉中 **❶**。"

的确，在 KANEMI 事件中钟渊化学作为 PCB 的制造厂家被追究了责任，而森永事件中污染源砷的来源几乎无人知晓。恐怕在这个事件的背后隐藏着许多"内幕"。虽然人们普遍认为森永砷奶粉事件"已经解决"，但受害者还一直在经受折磨。奶粉中毒后康复并顽强生存下来的当年的婴儿们现已年逾 50 岁，当时的年轻父母们现在也已是 70 多岁了。

---

❶ http://www.motomeru-yuushi.org/ "要求完全实施永久对策方案的全国志同道合者"网站主页。

3. 把资源当作一次性用品

资源进口国——日本

然而，日本是如何"采购"含重金属矿物资源的呢？❶

日本国内的煤矿、金矿、铜矿等多因资源枯竭或开采成本过高而不得不封矿，根本没有恢复开采的可能性。据说矿产资源理应几乎全部依赖进口，于是笔者对统计资料进行了调查。但在日本没有查到相关统计数据，而从美国的地质调查机构❷每年汇总的统计报告（Mineral Yearbook）《矿物年鉴》）中查到了《2001 年度日本矿产业》资料。其中包括各国的贸易、生产统计及政策、计划，还有专家们研究分析的非常详尽的论文报告。其论文的起首是这样写的：

"2001 年，日本是下列矿产的最大进口国及消费国，即铝（一次产品）、镉金属、铬铁矿、煤炭、钴金属、铜（矿石和金属）、钻石、铬铁、镍铁、萤石、镓金属、铁矿石、钛铁矿、铟金属、矿业盐、铅（矿石和金属）、LNG、锂金属、钾、镁、镍（矿石和金属）、磷矿石、贵金属、稀土类、硅金属、锌（矿石和金属）、锆石等。"❸

关于铜，日本也是世界上最大的进口国。包括铅、锌也是排在前列的进口国。另外，关于矾土（铝原料）、钴、铁、锰、镍、钛、锆石等，日本百分之百从国外进口。原油、铀、石油等用于发电的能源材料也差不多百分之百依靠进口。该论文还指出，"日本以上述矿产为原料生产水泥、化学产品、电、钢铁和有色金属的能力也是世界上屈指可数的。"

实际上，水泥、纯铜、化学药品、农药、钢铁是日本的主要出口产品。该数字显示的是小小的日本如何利用世界各地汇集来的资源构成了各种产业。除此之外，对木材及粮食等日本也是世界上屈指可数的大量购买国。

对于矿物资源来说，根据种类以不同的形态进口（矿石、氧化物、氢化物、精炼矿石、提取物、浓缩物、半成品、废钢、合金），其数量单位也不同。在

---

❶ 日本长期以来一直被称作"资源匮乏的国家"。所谓"资源"是包含石油在内的矿产矿物资源，为了争夺资源才爆发了第二次世界大战。

❷ *The Mineral Industry of Japan–2001*，John C. Wu，http://minerals.usgs.gov/minerals/pubs/country/2001/jamyb01.pdf.

❸ 在日本的工业统计资料中没有这样的数据。

寻找将上述矿物资源按元素分类的数据时，笔者发现了美国环境NGO"地下工程"（Project Underground）发表的各国矿物资源消费量数据表。

笔者从中挑选了日本的消费量和在世界上所占比率列（如下表所示）。另外，表中数据是按上述不同形态汇总的矿物量。

表3　日本矿物资源消费量（吨）和占世界的比率（%）

矿物	吨	%
金	183.7	4.7
银	3 956	14.7
铜	1 440 700	11
铅	330 000	5.5
锌	742 000	9.5
铁矿石	128 715 000	
铝	2 434 300	11.2
镍	173 500	17.3
铬	733 000	6.3
钴	6 700	26.4
钼	21 286	19
锰	2 042 000	10.7
镉	7 247	44.1
锡	28 200	12.3
白金	59.4	36.7
钯	73.2	31.5
镓	98.8	65
其他的矿物质（年份）		
锶（1990）	60 000	36.7
锆（1994）	126 000	14.3
锂（1992）	1 020	19
碲（1994）	53	20
铟（1995）	90	53.3

该表格中的数据显示：钯31.5%、白金36.7%、镓65%，从中可以清楚地看到日本这样一个资源贫乏的国家是如何大量消费世界的资源的。该表中还有

像碲、铟等人们比较生疏的物质，也许这些物质在不经意之间作为垃圾已被丢弃或被焚烧掉了。

另外，上表中的锶是放射性物质。同样属于有害放射性物质的铀几乎都从国外进口，但在这个表里没有列入。不知是否因为汞和砷是在国内采购所以没有列入上表。

可称之为有害重金属代表的镉，仅日本一个国家的消费量就占世界的44.1%。这个数字显示使用镍镉电池的家电产品、手机等充斥日本。问题在于这些物质在整个社会中是如何流通的，其流通渠道尚不明了。虽然相关行业团体在呼吁回收镍镉电池，但实际回收率仅为20%左右，剩下的80%下落不明。假定所有的镉都用于生产电池，那么一年要有5 000公斤的镉因违法丢弃或焚烧处理对环境造成污染。对此，从事不负责任的生产活动的日本工业界以及容忍环境遭到污染的政府和行政管理部门应负有重大责任。

所有的金属资源都是有限的。所谓"有害"重金属无疑也是消耗了大量的能源后才得到的贵重资源，而且这些资源也是我们大家共同的财产。纵观宇宙漫长的历史，实在不能允许在弹指一挥间个别企业过度获取这些资源并将其当作一次性资源来使用。最近，在国外的公众运动中，对于给发展中国家造成巨大负担的这种资源"掠夺"型企业活动的批判日益高涨。被贴上了"环境不公正"标签的是化学和制药工业（农业、转基因）、能源产业（埃克森、美孚等石油行业）以及包括矿业、焚烧炉和垃圾出口的静脉产业领域。

重金属的生产国多集中在发展中国家的未开发区域。而企业想要开采的矿脉大多都在地下深层，采矿作业会对环境造成巨大破坏，使森林消失、土壤流失。另外，提炼金属要使用大量的溶剂和药剂，有报告显示这些都会造成水系污染，使许多当地居民及工人的健康受到伤害。矿业带来的各种污染依然存在，只是（从使用国）转移到资源供给国而已。在人权意识淡薄、没有环保法规的国家（往往为两者均没有），工人们是在恶劣的作业环境下，在伤害自己的身体和损害生活环境的同时采掘金属。

不仅如此，开采天然资源常常引起国内或国际纠纷，数百万人被逼上了绝路。据世界观察研究所的调查报告表明，"在20世纪90年代，围绕着矿产资源及木材、稀有金属的纠纷，有500万以上的人惨遭杀害，1 700万至2 100万人沦为难民"❶。

---

❶ http://www.worldwatch.org/press/news/2003/08/21/，"Resource Wars Fuel Consumer Demand"等，世界观察研究所，2003年。

全球化经济的发展使这些资源交易更加激化，用于资源交易的资金大多会落到当地（大多是发展中国家）军队及军火商手里，而这些资金又与扩大军备竞赛、战争及破坏活动有牵连。

企业总是在不断推出"新产品"。而我们发达国家的消费者对在原材料采购阶段发生的实际状况却一无所知。但是，对于大多数我们拥有的"奢侈品""新产品"，如果企业不在国外采购哪怕只是其中一部分原材料，则无法生产出来，因此，我们必须面对这样的现实，对生产厂家、生产企业的"态度"提出质询，并与世界各国共同建立严格限制资源浪费的机制。

第五章

汞——闪亮的杀手

在有害重金属中，目前汞问题再次成为关注焦点。第二章里已经提到，汞在常温下即可蒸发成气态，加热后几乎无法被捕捉到，全部被排放到大气中。正因为如此，从焚烧炉中排放出来的有害金属中汞的含量最多。

自古以来人们就知道汞具有毒性。本章的标题使用的 Shiny Killer（闪亮的杀手）这个词组，在前面介绍一家 NGO "地下工程"（Project Underground）时曾经使用过，该词组形象地表现了汞的不可思议的形态及危险性。

世界上最早在工业生产中使用汞并造成危害的国家是美国。早在水俣病发生前 100 年的 19 世纪中期，在当时的淘金浪潮中，美国西部的金矿为了提炼黄金使用了大量的汞。其提取方法是将含有黄金的矿石和汞混合成汞合金溶液，将其加热蒸发掉汞后可以得到黄金。但是，采用这种加热方法会产生高浓度的汞蒸气，大量吸入汞蒸气会损害中枢神经，因此死亡的矿工不计其数（这种提炼方法至今仍在亚马逊河地区及墨西哥等许多发展中国家使用，汞中毒及环境污染还在扩大）。

当然，由于当地仍在大量开采提炼黄金用的汞，因此同样的受害情况还在继续发生。自 1850 年至 1900 年，在美国用于开采黄金的汞达到了 2 600 万磅（大约 1 1800 吨）以上，其残渣至今还留在周围的湖泊及河流的底泥里。[1] 因此，流经美国西部的旧金矿遗址的几个水系的鱼至今仍被禁止食用，如加利福尼亚州的克利尔湖、内华达州的卡森河等。[2] 这都是因为汞污染依然存在。

关于汞的毒性，仅以 0.9 克（相当于小量勺的七十分之一）的微量，就会将 25 英亩（大约 10 公顷）的湖水污染到水里的鱼都不能食用的程度。[3] 尽管如此，人们至今仍无法断绝与汞的缘分是由于其埋藏量比较多、容易以低价格采购到。此外汞容易与其他物质结合，易于加工。汞的用途广泛。在日本，汞除了用于农药、电池、荧光灯及溶剂等工业生产之外，长期以来，甚至用于医药及牙科治疗的汞齐（合金）。

另外，"处理简单"恐怕也是使用汞的理由之一。反正加热之后就消失了，谁都不会留意汞的去向。然而，有资料显示，蒸发的汞长时间飘浮在大气中，越过宽阔大陆，导致距排放地点相当遥远的区域的生态系统也遭到破坏。研究结果显示，从北极到南极、从热带海滨到白雪覆盖的高山，在地球上已经没有能躲避汞污染的地方。现在已知道汞的主要人为污染源是煤炭火力发电厂和垃

---

[1] http://www.newmoa.org/Newmoa/htdocs/prevention/mercury/breakingcycle.cfm.
[2] 前面提及的 Project Underground。
[3] Toxic Link Fact Sheet.

垃圾焚烧炉。

　　这个"发现"在国际社会也引起了很大反响，有关方面终于在 2003 年向制定彻底防止使用汞的措施迈出了一大步。但是，由于日本没有将汞列为限制对象，对上述国际社会的动态未作任何报道。在本章里，笔者将介绍国际社会致力于限制汞使用的状况和日本袖手旁观的动态。

1. 汞的危害正在全球蔓延

全球汞污染评估报告

2003 年 2 月 3 日，在肯尼亚内罗毕的联合国环境规划署（UNEP）总部召开了第二次环境管理工作会议。参加此次会议的大约 130 个国家的环保部长都拿到了一份重要文件。❶这是由 UNEP 与世界各国的科学家组成的"全球汞评估工作组"花费了 2 年的时间，整理汇总的世界上第一份关于汞的全球性调查报告。该调查报告认为有害重金属汞的污染范围十分广泛，远远超过了目前考虑到的范围。其调查结果显示，汞污染给人类及野生动物带来的严重威胁遍及世界各个角落。UNEP 为这份报告归纳出下述结论（下划线是笔者画的）：

"……有充分的证据显示，将汞排放到大气中带来的非常恶劣的影响正在全球蔓延，为了降低其给人类身体健康及环境造成的风险，必须采取国际性对策。虽然对于这个问题的理解十分重要，但是工作组强调：为了采取行动，不需要把要求各国签订相关协议及获得完整的证据作为必需条件。要把汞带来的潜在的、世界性的恶劣影响当作一个问题来看待。"

即使无法取得完整的证据，也需要马上采取国际性对策，这既是世界各地第一线研究人员达成的共识，也是一个少见的特例。而上述结论正是由于许多事例证明一旦汞排放到大气中，就会自由地游荡于大气、土壤和水里，不仅绝对不会消失，反而会积累。

报告是由工作组的研究人员对从各国政府及国际机构、NGO 征集到的资料、文献及至今出版的关于汞的研究专著、报告书、医学书、数据、法令等进行分析、添加注释编辑而成的。其核心部分是在最前面列出的"主要发现（key findings）"。标题见下文。

本报告书的主要发现

*我们为什么必须关心汞污染？如果采取措施能否改变现状？

1. 汞大量存在于环境中。

2. 汞无法分解，在全球循环。

---

❶ http://www.chem.unep.ch/mercury/Report/Summary%20of%20the%20report.htm。除非另有说明，下述有关本章的引用，都来自这份报告书的内容。

3. 接触汞后会受到严重影响。

4. 采取对应措施会获得成功。

* 为什么局限于某一地区或国家的行动不够充分？

1. 汞在全球范围内的循环使问题恶化。

2. 汞影响世界渔业的发展。

3. 汞的危害在发展中国家更为严重。

4. 汞仍在国际上被使用、交易。

* 汞是如何被人类和野生生物摄入的？

* 产生汞的最初来源是哪里？

* 人为的汞来源是哪里？

* 如何减少汞的产生？

* 我们应如何促进人们的理解和国际合作？

报告书反复强调了一个"现实情况"，即被排放到大气中的汞不仅会污染周围有限的区域，还会随着气流轻而易举地越过国境导致全球性的污染……汞污染已经涉及所有的水系和地面，现在仍在不断加剧。因此我们每个人都无法免受汞污染的影响。

"汞一旦被排放到大气中，这种有害重金属就会沿着地球表面的大气层及海洋移动，有时会飘移到距排放地点几千甚至几万英里之外的地方。"

本来应该与污染和公害无关的北极圈野生动物也受到汞污染一事正说明了上述看法。与二恶英一样，这一有害重金属随着地球表面的气流经过长距离的旅行到达北极圈，并在那里积累。报告指出水獭、水貂、鱼鹰、鹫、海豹、鲸鱼等这些以鱼为食物的动物身体中的汞含量最高。在加拿大和格陵兰，尤其是海豹和白鲸体内的汞含量在过去的 25 年里最高增加到原来的 4 倍。另外，有明确证据显示，在加拿大的海鸟，即风暴海燕以及大西洋的角嘴海雀、暴风鹱的卵里的汞含量之高足以影响其繁殖。

当然温暖的海域也不例外，已有研究表明香港的中华白鳍豚（hump-backed dolphin）体内的汞含量也比其他重金属高，已达到了损害健康的水平。

威胁人类的甲基汞污染

"看不见的杀手"——甲基汞污染，已波及处于食物链顶端的人类。尤其是经常吃鱼的人摄入汞最多，一般来讲摄入量最高的地区和国家要属格陵兰和日本。

美国的研究人员曾对 1 700 名女性进行了调查研究，其结果显示，大约 12

人中有 1 人（大约 500 万人）的血液和毛发中的汞含量高于美国环保署规定的安全标准。就在 3 年前，某个机构❶通过调查推测有学习障碍和神经系统不健全等脑障碍风险的新生儿，在整个美国每年大概有 6 万人。但是，根据美国疾病管理预防中心❷公布的最新数据显示，有的研究人员估计实际数字应该是上述的 5 倍，即 30 万人。如此推测，全球的人数恐怕会达到几百万甚至几千万人。

这些数字之所以令人害怕，是因为许多研究结果表明，婴儿的脑功能障碍与母亲食用被污染鱼类有关。胎儿因母亲吃了汞污染食物而被汞污染，这是人类最初从水俣病中学到的知识。但是，发现这一事实的经过绝不是一帆风顺的。按照水俣病发生年代的社会常识来看，即使有毒物质进入母体内，母亲的胎盘也会保护胎儿❸。水俣病研究的最高权威及奠定了胎儿型水俣病认定基础的原田正纯医师说："让我发现胎儿型水俣病的是生出胎儿型水俣病婴儿的母亲。"原田医生的发现证实了神经系统尚未发育完全的婴儿及新生儿最容易受到化学物质、重金属和有毒物质的影响，且全面改写了世界医学著作。

报告里的数据表明，因食物链规则最容易受到汞污染的是羸弱的胎儿和幼儿，这些危害主要表现在脑障碍及神经障碍症状的增加。

也许很多人认为，水俣病不过是个特例，人们通常食用的鱼类与汞污染无关。然而，报告明确指出这种"认识"存在严重的误差。联合国环境规划署在慎重地表达相关见解的同时，进一步明确地提到了食用鱼类会带来危险。

"在世界许多地区，鱼类对人们来说是非常有益的食物，其丰富的蛋白质是其他食物无法代替的。汞给这种食物的供应带来了严重的威胁。当然，如果需要获得鱼体内营养物质，与其食用汞含量高的鱼类不如食用含量低的鱼类更为健康。"

这里所说的"甲基汞"也是水俣病的致病物质，在有机汞化合物中毒性非常强，相当于有机氯化物中的"四氯二苯并—对—二噁英"（2,3,7,8-tetrachlorodibenzo-p-dioxin，即通常所说的二噁英）。汞元素及无机汞形成甲基汞的化学过程尚未弄清楚，但事实已证实至少鱼类参与了形成甲基汞，引起处于生态系统顶端的大型鱼类、鸟类、哺乳类动物体内的甲基汞含量上升。食用鱼类的人类也遭受到了甲基汞的威胁，这是无法否定的。报告中列举了体内浓缩了高浓度汞的鱼类除了海豹和鲸鱼之外，还有青花鱼、梭子鱼、

---

❶ United States Research Council.
❷ US Centers for Disease Control and Prevention，美国疾病管理预防中心（前面提及过、第三章）。
❸ 《被审判的该是谁》，原田正纯，世织书房，1995 年。

鲨鱼、旗鱼、鲈鱼、梭鱼类、大型金枪鱼、青枪鱼等。关于经鱼吸收汞的情况，报告中有如下阐述：

"虽然适量地食用鱼类（汞含量低的）不会造成严重的汞污染，但大量食用污染鱼类及海洋性哺乳类动物的人受到汞污染的可能性比较高，（汞中毒的）风险也会增加。"

另外，我们知道甲基汞即使低于以前认为比较低的水平也会造成健康损害，并且世界许多地区都会受到甲基汞的影响。某项研究显示，即使人们接触到的甲基汞量略有增加，也会产生心血管障碍，导致死亡率增加。此外，甲基汞对高血压、心脏病、甲状腺、消化系统、肝脏、皮肤（手脚的皮肤剥落、瘙痒、发疹等）的影响也被科学研究的成果所证实。

并且，在人类身体及自然环境中蓄积的汞绝不会分解或消失。人死后即使化成土或灰，体内的汞还会重新以元素及化合物的形式回到自然环境中，开始永无止境的循环。为此，UNEP 希望与其查明原因不如采取彻底的防治措施。

为什么亚洲是汞污染的源头？

汞污染发展到今天这种严重程度，世界各地都呼吁防止汞污染的扩大，要求采取相应对策。可是，各国政府因对企业及渔业行业心存顾虑，一直未能制定限制产生汞及食用鱼类的措施。就在这样左顾右盼的过程中，事态发展到了无法挽回的严重地步，因此上述国际机构为了采取相应的对策才开始了行动。UNEP 在发表调查报告之际，克劳斯·托普弗理事 ❶ 做了下述发言：

"汞是个很大的问题。就像一个不需要护照的旅行者，借助空气和水扩散到全世界。我们需要采取行动。我们必须迅速而彻底降低很多人要面对的汞污染危险。"

这个没有护照的"非法旅行者"到底是从哪里来的呢？关于这一点调查报告也作出了明确的表述。汞的来源有两条途径：一是天然形成的，源自火山喷发、森林火灾及水土流失等；二是人为的，源自采矿、精炼、煤炭火力发电等。天然形成的汞从释放到自然环境中就再也没有消失过，通过从固体变成液态，再变成气态这一循环过程在地球表面不断增加。但可以说，自工业革命开始的人类活动导致了汞的总量骤然增加。下一页的表格显示了世界各大洲人类活动排放汞量的数据。虽然该表格的注解中表示了表中数值是估测值，不够准确，

---

❶　Klaus Toepfer, UNEP's Executive Director.

但是，我们还是可以看出大致趋势。

"火力发电站（主要是煤炭火力发电）和焚烧炉排放出来的汞，约占人为排放汞量的70%，约1 500吨。"

"排放量多的正是亚洲的发展中国家，有860吨❶，为各大洲中最高排放量。"

如在本书第二章中所介绍的，欧美发达国家通过制定法令限制工厂及焚烧炉的汞排放。尽管如此，全球的汞排放总量一点也没有减少，对此国际社会产生了很强的危机感，其理由之一明显在于发展中国家的能源状况。

在亚洲地区，随着人口的急剧增长，为了维持能源需求，增加了廉价的煤炭火力发电设施，导致了汞排放增加。由于煤炭中含有汞，"如不采用控制汞排放技术及替代能源，汞排放还会增加"。但是，该调查报告反复强调目前还没有有效去除汞的技术。

表4　1995年排放到大气中的人为因素汞排放量估测值（吨/年）

此表不包括其他排放源排放的数量*❶

洲名	固定燃烧设施	有色金属生产*❺	生铁和钢铁生产	水泥生产	废弃物处理*❷	开采金矿*❹	总计·量化排放源
欧洲	186	15	10	26	12		250
非洲	197	7.9	0.5	5.2			210
亚洲	860	87	12	82	33		1 070
北美洲	105	25	4.6	13	66		210
南美洲	27	25	1.4	5.5			60
澳洲和大洋洲	100	4.4	0.3	0.8	0.1		100
合计*❸*❷	1 470	170	30	130	110	300	1 900 +300
摘自	Pirrone等（2001）	Pirrone等（2001）	Pirrone等（2001）	Pirrone等（2001）	Pirrone等（2001）	Lacerda等（1997）	

*❶请注意，与其他排放源排放到大气中的情况相同，因排放到水系和土壤中的汞也没有世界各地新的估测值，不包括在此表中。

*❷该数值被inventory（清单）制作者低估了。

*❸只是表中汇总的排放源的合计，并不包括所有排放源。合计值为大致估算，非准确计算值。

*❹金矿的排放量估测值参考了20世纪80年代至90年代的状况。新的资料（MMSD、2002）中提炼黄金的汞消费量及汞排放到大气中的数量当然要比这里列举的数值要高。

*❺在排放汞的有色金属生产中包括汞、锌、金、铅、铜、镍的生产。

---

❶　Global Mercury Assessment, Summary of the report 88.

但是，在亚洲除了人口膨胀以外还有一个不可忽视的原因，即必须要考虑到全球经济的发展状况。例如：天然气出口国（除部分中东产油国之外）多数是贫穷的发展中国家，经济实力雄厚的发达国家进口污染小的天然气，可是许多天然气生产国却不得不依赖廉价的煤炭火力发电。今后，随着化石燃料的枯竭，争夺能源资源将成为全球性问题。但发达国家采用清洁能源、发展中国家被迫使用不洁净能源的结构恐怕不会发生变化。

不仅在能源资源方面，在生产领域里上述经济原理也同样发挥作用。除了火力发电和焚烧炉之外，排放汞的还有水泥生产、氯碱生产厂家、火葬场、电子装置用的开关以及温度计、荧光灯、人造牙齿用的汞合金等。随着经济全球化的发展，有许多生产企业从发达国家转移到了发展中国家。其结果，污染被出口和转移到亚洲国家。这是因为这些发达国家的企业为了"降低成本"，虽然在国外修建了工厂，但却没有在所在国采取与本国水平相当的防治污染措施。此外，在人权意识、环境意识、教育水平低的发展中国家，无法期待他们把产业转移带来的汞污染当作问题去认真解决。

向亚洲出口废弃物

全球化的经济原理以错误的形式被应用在废弃物处理领域中。许多发达国家将在本国已被禁止的含汞农药及有害废弃物的电子产品（使用过的笔记本电脑、手机等）以"资源"或"循环利用产品"的名义"合法"地出口到发展中国家。发达国家的企业为了避免处理废弃物时手续繁琐、成本巨大，或者为了逃避向当地居民说明情况、取得认同，希望采取更经济更简单的处理方式，因此增加了有害废弃物对发展中国家的出口。

例如，美国曾经把大量的废旧笔记本电脑运到了中国。但是，民间团体通过跟踪调查得知，在中国的处理"现场"，却没有对这些废旧电脑进行"恰当的处理"。2001 年对中国进行实地调查的 NGO 巴塞尔行动网（Basel Action Network）目睹了露天焚烧电脑印刷线路板及电缆、手机机壳的现场冒出滚滚黑烟，工人们从冒着黑烟的灰尘中回收稀有金属和重金属。

"很明显这些作业严重损害人体的健康。大量含有有害物质的电子垃圾和普通垃圾混在一起被焚烧，或被丢弃到水田、灌溉用水渠或河边。"❶

---

❶ "Exporting Harm Æ" The High-Tech Trashing of Asia, Basel Action Network. 巴塞尔行动网（Basel Action Network）是要求禁止有害废弃物进出口的 NGO。主页是 http://www.ban.org。

"据（美国）循环利用产业方面的推测，在国内循环利用回收的电子设备约有 50% 至 80% 根本没有被循环利用，而是很快被装到集装箱货船上运往中国等国家。"❶

电子垃圾的来源是北美、日本、韩国和欧洲，并且都流入中国、印度、巴基斯坦等。由于发展中国家的法律法规不健全，普通民众得不到足够的信息，再加上贫困等，这些都导致进口"污染"扩大，而人们对接触到的物质的毒性以及作业危险等一无所知。因此，目前无法阻止含有汞的有害物质被随意排放到环境里。

而有些国家甚至将有害废弃物以"援助"或"国际合作"的名义运到没有外交关系的国家。如日本因"绑架问题"而敌视朝鲜，却以"人道援助"的名义，把汽车轮胎作为燃料，即发电资源运到朝鲜。后来因运输船在茨城县海域发生触礁事故❷而致使上述事实败露。虽然实施这些"支援"项目的是以人道援助为使命的 NPO，但出口需要得到政府的批准，也就是说，政府十分清楚废弃物出口的实际状况。

但是，由于生产轮胎时使用了大量的添加剂，不易燃烧的轮胎是在"恰当处理"时最难处理的产品之一，目前还存在许多处理上的问题。对于轮胎的处理，厂家也打算与其他垃圾一样，通过高温熔融处理成废渣，但由于焚烧后会排放汞、其他重金属及化学物质，因此遭到民众的强烈反对，❸所以在发达国家很难对轮胎进行处理。因此，接收废旧轮胎用于发电资源（即燃料）的发展中国家就成了厂家的救星。即使运费由发货方负担，出口带来的经济效益要远远高于在国内处理，而且因此产生的污染也可向进口国推卸责任。

当然，按照企业的"经济原理"，最合算的是从发达国家向发展中国家出口垃圾，但由于直接出口垃圾违反禁止越境运送有害废弃物的《巴塞尔公约》而无法实现。然而，日本未承诺修订后的《巴塞尔公约》[各国有义务全面禁止进出口有害废弃物（ total ban ），但尚未生效]。不仅如此，日本在根据《巴塞尔公约》制定日本《巴塞尔法》与《循环型社会基本法》时，甚至也为垃圾的"资源出口"大开方便之门。但最近曾经接受废弃物进口的那些国家也纷纷

---

❶ "Exporting Harm Æ" The High-Tech Trashing of Asia, Basel Action Network. 巴塞尔行动网（ Basel Action Network ）是要求禁止有害废弃物进出口的 NGO。主页为 http://www.ban.org。
❷ 2002 年 12 月 5 日，七星号货船在日立港附近海域触礁，茨城县都助进行了卸油的作业。
❸ VERMONT PRESS BUREAU By Darren M. Allen December 10, 2003.1997 年通过在美国的试验得知，焚烧轮胎会向大气中排放大量的锌和汞。但该实验结果被串通一气的企业及行政机关隐瞒了 6 年。

签署了《巴塞尔公约》，开始禁止进口废旧电子产品。中国已经加盟《巴塞尔公约》，印度正在审议是否加盟。另外，对于此类问题，公众的监督也更加严格。

由此看来，亚洲发展中国家的汞排放量多是因为被迫承担了包括日本在内的发达国家的公害污染，可以说责任在于出口垃圾的发达国家。按照"经济理论"，今后如果发达国家加强汞排放管理，越来越多的旧电池、荧光灯、医疗废弃物等含汞废弃物有可能以各种伪装形式被列入出口清单里运送到发展中国家。

焚烧炉排放的汞

尽管上述报告书指出煤炭火力发电厂和垃圾焚烧炉是汞的两大排放源头，但从表面上看从焚烧炉排放出来的汞并不多。究其原因如下：

"与汞的人为使用及生产过程中排放情况相同，各国估测的焚烧炉的汞排放量都偏低，而且不完整。"

"然而，根据汞生产的记录，在过去的 20 年中汞产量从每年约 6 000 吨减少到 2 000 吨左右，因此来自矿山及汞使用过程的排放量也减少了。"

日本作为世界上拥有焚烧炉数量最多的国家，却根本不了解自己国家的汞排放量，仅从这一点就可以清楚地判断全球汞排放量是否被低估或忽视。也就是说，这个统计表中如果加上日本的数据，焚烧炉中的汞排放量就会增加很多。尽管矿山等排放量已经减少，但整体的汞排放量并没有减少，其原因就在于发达国家以焚烧为主的垃圾处理方式。发达国家的企业不仅不想放弃最经济的处理方式——"焚烧处理"，还计划修建许多与排放重金属及汞相关的焚烧炉项目。此外，今后，下水道污泥的焚烧处理也有可能排放大量重金属类。

众所周知，垃圾中占比重最多的下水道污泥中含有大量的重金属和有机物质。在美国曾因用下水道污泥生产的化肥释放无机汞和有机汞，造成了严重的问题❶，公众准备起诉批准用下水道污泥生产化肥的美国 EPA。

在日本，尽管下水道污泥被指定为特别管理产业废弃物，并对其含有的有毒物质设定了标准❷，但下水道污泥多被送进水泥窑、污泥焚烧炉和其他焚烧炉进行焚烧处理。于是这些处理设施就向环境中排放大量的有机化合物、酸性气体和重金属，但正如前文所述，其实际排放状况尚不明了。因为日本有关于

---

❶ http://www.ornl.gov/Press_Releases/archive/mr19960117-01.html.
❷ 对烷基汞、汞、镉、铅、有机磷、六价铬等 24 个项目设定了标准。

污泥的汞含量标准，却没有关于大气的相关标准。

另外，日本目前在 ODA 项目（为发展中国家提供的开发援助项目）中，正在东南亚各国积极推进下水道建设项目，而作为下一步骤，有可能就是向相关国家出口污泥焚烧炉。

随着下水道的普及，污泥排放量、焚烧处理量都随之增加，含有重金属的灰渣也在递增。根据企业的"经济原理"推测，下一步最好是把这些污泥焚烧灰渣加工成肥料、熔融渣、路基材料，作为"资源"出口。这是因为熔融渣可以运走，可将其丢弃到远离自己国家（污染源头）的地方。有一种说法认为熔融渣可以把有毒物质全部封闭在内，但实际上其中还存在有毒物质，可是即使有人指出这一矛盾，政府和企业也会以经济原理为借口而推脱。目前，日本、美国、德国等发达国家的企业联合政府部门向发展中国家出口焚烧炉就是基于这样的"经济原理"，并且还会导致直接将垃圾作为"资源"出口。

实际上，已经出现了将发达国家的"库存"汞直接转移到发展中国家的动向。例如，有传言说最近美国缅因州的 HOULTLANKEM 公司因关闭工厂而有可能将 26 万磅的库存汞卖给了发展中国家。如果企业申请出口汞，恐怕目前的布什政府不会说不，而其他公司也有可能借此机会加入这个"出口公害"的潮流。对于国际社会必须全力以赴解决的环境问题，一些国家的企业及行政机构，却认为只要问题不发生在自己国家就可放任自流，也就是说把污染这块"烫手的山芋"扔出去就万事大吉❶。

亚洲发展中国家汞排放量的增加是与发达国家的经济状况有直接关系的。其根源恐怕在于发达国家的企业及公众浪费资源、使用一次性产品等与制造、销售、消费相关的行为。对此目前发达国家提出的解决措施主要是根据经济理论制定的，但如果总是将环境问题改头换面为经济问题，那么汞污染问题则无法得到解决。要解决汞问题，需要政府的勇气和良知以及对"公平对待环境问题"的正确认识和理解，并且还需要公众的努力和参与，即做到不制造垃圾、不焚烧垃圾。

汞雨

汞污染的威胁已经迫近世界上的海洋以及鱼类……除了 UNEP 已在调查

---

❶ 20 世纪 70 年代日本企业一直向发展中国家进行"公害输出"。现如今为了发展静脉产业而进行的废弃物输出，与第一次公害输出相比，带来了更大的影响。

报告中反映了这些情况，其他有关方面还发表了许多相关的研究论文及调查报告。《基督教科学箴言报》参考德国马克斯·普朗克（Max Planck）化学研究所的气象化学研究人员的论文，刊登了题为《有毒污染物质含汞已被证明》[❶]的报道。作者在该文开始部分表示"大气中的有害金属含量自 20 世纪 80 年代末下降了 17%。根据最近的研究结果，汞的浓缩情况自 20 世纪 90 年代中期达到最低纪录以来，一直保持着同样的水平"。

但是，科学家们并不欢迎这样的数字。尽管人们努力减少排污，但汞排放量仍不见减少，因此科学家们主张必须要对污染源头做进一步调查。考虑到人们还不了解焚烧炉等排放汞的实际状况，不能轻易相信发表的数据。"（令人担忧的是）至今每年有 5 000 吨的汞被排放到了大气中。一旦这些汞落到地面或进入水中，就会转化成毒性最强的化合物——甲基汞。"

据推测，在大气、土壤及海洋中循环的汞气体大约有 20 万吨[❷]。从罗马时代起不断积累起来的这个数量，加上在生产煤炭及生物质（Biomass）燃烧、垃圾焚烧以及其他工业生产过程等产生的人为排放的汞，每年大约共排放 5 000 吨，并一直保持这种居高不下的水平。这些汞对人类及环境造成影响只是时间问题。

科学家更担心的是这些汞落到地上或水里会轻而易举地转化成剧毒的甲基汞。我们已经知道帮助大气中的汞降落到地面上的是像烟尘一样的大气污染物质。通过酸雨及酸雾的作用，气化的汞转化成易溶于水的形态，然后与雨滴一起落到地面上。这也正说明了为什么上述报道提到北欧的湖水中鱼类受到的污染十分严重，这是因为酸雨造成的危害在高纬度的地方比较严重。也可以说，我们人类从事的生产活动正在制造比酸雨还要糟糕的"汞雨"。

被排放到大气中的汞，随着地球上变幻莫测的气候变化——气流的流动、云、雾、波浪、阳光的照射、降雨和蒸发等转化成各种各样的形态，最终落到地上。落到大地上的汞，通过水系流到海洋，被海底的细菌及浮游生物等微小生物摄入体内。吃掉这些微小生物的小鱼，又被大鱼吃掉，海洋里的汞就按着生物链的顺序进行生物浓缩，最后汞就转移到生物链顶端的鸟类及大型哺乳类动物体内。可以认为从汞转化成甲基汞就是在生物链的浓缩过程中形成的。

---

❶　http://www.coloradodaily.com/articles/2003/09/14/news/est/est04.txt，根据 Dr. Slemr 等发给地球物理研究通讯的论文，Toxic pollutant proves mercurial By ROBERT C. COWEN。
❷　同上，Cathy Banic 等在地球物理学研究杂志上发表了证实汞气体在大气中循环的论文。

该报告还指出金枪鱼及海豚等大型鱼类的汞含量比较高。❶不过，大型鱼类的汞含量高意味着汞已经遍布我们周围的环境中，因此毫无疑问，汞污染的危害不久就会波及人类。许多研究结果已显示人的汞含量高，这说明汞对人类的影响已经十分明显，并且人们很快就要迎来汞中毒频发的时代。汞不停地在云雾、大气、水及土壤中穿梭，反复被生物摄取、积累、排放。只有在某个环节阻止这个循环过程，人类才能避免其恶劣影响。人去世后遗体被焚烧❷，成为一把灰，作为生命体的一生就结束了。但是，人体内有害金属并没有消失，会通过焚烧再次回到环境中，继续着永无止境的旅行。

被撕毁的汞条约

UNEP 是按照 2002 年 9 月约翰内斯堡的世界可持续发展峰会（WSSD：The World Summit on Sustainable Development）达成的一致意见，召开了有关汞污染的上述国际会议。WSSD 宣言要求签约国截至 2020 年，在化学产品的使用上要将其对人类及环境造成的恶劣影响降到最低程度。要实现这个目标，最大的悬而未决的问题是汞污染，因此下一步要做的事情是为防治汞污染制订"实施计划"。

作为这个"实施计划"的核心内容，该国际会议编写了《全球汞评估报告书》。当时人们期待相关各国能够为消除遍布世界各地的汞威胁，在此报告书的基础上深入讨论研究，制定一个包括限制使用汞等具体内容的公约。但是，这个计划最终未能出台。反对制订该计划的正是美国。❸

美国代表团虽然同意上述"主要发现"的内容，然而当讨论涉及减少世界范围的汞排放具体措施时，美方开始抗争。

关于具体措施，报告中有为减少汞的生产、使用、排放，开发替代产品、准备制定（有强制力的）公约和世界行动项目、信息交流、各国政府要加强合作等内容。此外，作为需要采取的紧急行动，报告还列举了具体事项。如建立一个告知体系，能够及时通知孕妇及矿山工人等容易受到汞污染危害的人们出

---

❶ 日本学者的报告中经常提到在日本市场上合法销售的鲸鱼肉和海豚肉的汞含量有时远远超过政府的标准。

❷ 遗体焚烧处理也是日本特有的现象，有许多国家采用土葬。在国外火葬场也被看作焚烧炉。

❸ 随 2008 年民主党人贝拉克·奥巴马当选美国总统，美国政府转而支持国际汞公约的出台，完全扭转了此前汞问题国际谈判的艰难形势。此后，该公约被提议命名为《水俣公约》，其最终文本已于 2013 年获得公约谈判各方包括中国的通过和签署。——译者注

现了什么问题，并建立汞农药等的处理设施、防治发电厂污染等。

对此，欧洲代表团（EU 和挪威）与环境保护团体一起要求采取更具体的行动，即希望起草限制汞使用及设定排放上限的具有法律约束力的国际公约。但美国代表团以实施这类国际协定需要花费较长时间、协调各方意见需要一定成本为由，强烈反对制定相关公约。同时强烈主张不制定公约，而代之以进行"技术研究"，让能源部门（石油公司及发电站等）采取"主动应对措施"，并通过积极的游说阻止通过公约草案，因此该会议最终没能实现对发电厂及焚烧炉等主要排放源设置上限这一主要目的。❶

在会议上通过的 UNEP 行动计划（action plan）中，在关于发展中国家及苏联的煤炭火力发电厂及焚烧炉的清洁化、效率化以及利用风力及太阳能等再生能源等方面，增加了 UNEP 提供的协助，以及就告知汞危险的培训项目提供援助等内容。关于限制汞使用公约，只是暗示今后将继续交涉，但下次讨论这个问题要等到 2005 年的韩国后续会议上。这意味着世界各国都错过了全球共同应对汞污染的最早的机会。

关于美国的应对措施，一份会议内部资料披露了其具体内容。❷ 这份资料显示，美国政府对本国的代表团作出了批示，要求对会议上提出的所有减排方案（排放限制及其他的强制性措施）、国际公约以及要求召开下一步会议等意向均坚决反对。布什政权开始执政以来，美国这种拒绝所有国际环境公约的态度充分反映出美国自以为是的性格（其中最有代表性的例子是美国退出了应对全球气候变化的《京都议定书》），同时也可以看出美国大企业在幕后对政府决策的影响。

但是，美国 EPA 把汞列为首要难分解的生物积累有毒物质（根据《关于有毒物质的国内行动计划》），将其中间储存政策以及永不使用政策等作为最优先的课题，促进研发替代品。此外，美国对汞的调研做得最多，对各州公众的培训计划也做得十分到位。从这一点来看，在美国政府内部和 EPA 内部应该有很多关于汞污染问题及环境问题的激烈斗争。

限制使用汞公约未能出台主要是因为除了欧盟国家，其他国家的民众不太了解汞污染问题。深受酸雨及鱼类汞污染危害的欧盟各国，经历了塞维索意外事件之后，民众对环境问题十分关心，不断要求制定有实效性的条约及法令。其中丹麦已立法禁止使用汞，因此在过去的 10 年中取得了汞消费量减少 70%

---

❶ 除了美国以外，加拿大、哥伦比亚、捷克、墨西哥也站到了反对立场上。
❷ http://www.mercurypolicy.org/new/documents/BanHgRelease012703.pdf.

的显著成果。❶ 此外，欧盟颁布的《有害物质指令》及《终端处理厂指令》显示了欧盟应民众要求在认真处理环境问题，同时欧盟今后还会强化企业对其产品的责任。与此相反，美国的做法是阻挠所有不利于本国利益的举动，而日本政府的做法则是封锁一切有关汞污染的信息，压制公众的反抗。

不过，用不了 10 年的时间，欧盟通过整个社会来控制有毒物质排放的政策将会成为世界通用的标准。相反，假如美国和日本施行的政策成为通用标准，人类将面临生存危机。我们应当认识到，企业自由生产、鼓励不负责任的消费，以及无节制地使用一次性商品的时代已经结束。

---

❶ http://www.environmentdaily.com/articles/index.cfm?action=article&ref=13811.

2. 日本的汞污染状况

吃鱼危险？——厚生劳动省发布的公告

在 UNEP 通过上述紧急计划之后，日本厚生劳动省于 2003 年 6 月 3 日首次以国家名义公布了要谨慎食用剑旗鱼及红金眼鲷等鱼类的公告。然而，该公告完全没有触及最核心的问题。即：

（1）根本没有通告 UNEP 的全球汞报告的内容；

（2）没有告知甲基汞的污染已经蔓延到鱼类；

（3）没有告知民众，国际社会有必要采取措施应对汞的全球性循环问题。

此外，厚生省在公告中举例说明限制食用的鱼不是鲸鱼及金枪鱼，而是日本人不常食用的剑旗鱼及红金眼鲷。公告中建议考虑到对胎儿的影响，孕妇应控制食用上述海产类不超过每周两次。但对于没有怀孕的人，"尚未获得（有关食用上述鱼种的）令人担忧的、会影响健康的信息"，这似乎是表明除孕妇之外对其他人不会有任何影响。记者的报道全文和附件如下（下划线为笔者标注）。❶

《药物、食品卫生审议会食品卫生分科会关于乳肉水产食品及其毒性的联合会议（2003 年 6 月 3 日召开）讨论结果概要》

2003 年 6 月 3 日

1. 今天召开的药物、食品卫生审议会食品卫生分科会关于乳肉水产食品及其毒性的联合会议上审议的关于保证含汞海产品安全的结果如下：

在审议中依据的有关甲基汞的毒性资料，有 2001、2002 年度厚生劳动省科学研究及各都道府县的海产品汞浓度检测数据、2002 年度水产厅金枪鱼汞含量检测结果。

通过审议，会议归纳了孕妇在食用以汞浓度高的鲨鱼、剑旗鱼、红金眼鲷、部分鲸鱼（瓶鼻海豚短肢领航鲸、长肢领航鲸、抹香鲸）为主的鱼种时的注意事项（如附件所示）。另外，对于孕妇以外的其他人食用所有的鱼类（对孕妇是除食用上述鱼种外的鱼），在现阶段尚未获得令人担忧的、会影响健康的信息。总体来说海产品对人体健康有益，望正确理解本日公布的注意事项，希望勿因

---

❶ http://www.mhlw.go.jp/shingi/2003/06/s0603-3.html.

此而减少食用海产品。

2. 厚生劳动省的对策

要求有关母子保健的部局、水产厅及各都道府县对孕妇等进行指导，传达该注意事项的主要内容。此外，还将该注意事项刊登在厚生劳动省网站上，并尽力提供相关信息。

咨询处：厚生劳动省医药局食品保健部标准科中垣科长

联系人：太齐鹤身（分机：2488、2489）

附件：

《关于食用含汞海产品类的注意事项》

药物、食品卫生审议会食品卫生分科会

乳肉水产食品、毒性联合会议

2003 年 6 月 3 日

许多海产品都含有微量的汞，但在<u>一般情况下的含量非常低，不会危害到人体健康。</u>海产品是人类重要的食物，含有优质蛋白质，并且饱和脂肪酸含量低，而不饱和脂肪酸含量高。此外，海产品还是人体所需微量营养素的主要来源。

但是，一部分海产品因食物链积累汞含量过高，有可能影响到人体的健康，尤其对胎儿造成不良影响。因此，孕妇或者有可能怀孕的人在食用海产品时需要注意下列事项：

根据到目前为止搜集到的数据，我们建议：按每次食用量在 60～80g 计算，食用短肢领航鲸不超过每两个月一次，食用槌鲸、长肢领航鲸、抹香鲸及鲨鱼（瘦肉）不超过每周一次，食用剑旗鱼、红金眼鲷不超过每周两次。另外，除了上述鱼种对孕妇有影响之外，尚未发现有数据表明其他鱼种的汞含量对孕妇有影响。除此之外，对其他人群也尚未发现有数据表明所有鱼种的汞含量会影响人体健康。总体来说，海产品对人体健康有益，望正确理解本日公布的注意事项，希望勿因此而减少食用海产品。

今后我们将在掌握海产品类的汞浓度及食用状况的同时，研究其对婴儿的影响，并根据研究结果，重新考虑修改食用注意事项。

听到了这样的新闻，即使是日本人也会半信半疑的。因为日本至今从未发表过有关"鱼类的汞污染十分危险"的报道。另外，此次厚生省在公告中反复说明"未达到危险水平""除此之外的鱼类不要紧""不要停止食用鱼类"之类的讯息，似乎是在表明"没有什么大不了的事情""不必担心"。

UNEP 及其他研究机构认为鱼类污染已经发展到威胁人体健康的程度，人们应当认识到食用鱼类的危险性，并要求各国政府应将这些情况广泛告知给公众。如果没有广大公众的理解与支持，国际社会则无法采取防治措施。因此，首先要把汞污染状况，尤其是上述全球汞污染报告表明的紧迫性和紧急性告知全体民众。然而，日本政府到目前为止（2004 年 3 月）根本未将汞污染问题的背景公之于众。

这份 UNEP 的报告在日本以外的其他国家引起了轩然大波。首先，世界卫生组织（WHO）和联合国粮农组织（FAO）在 2003 年 6 月底，对从食物中摄取的汞含量，将以前认为安全的建议值（每公斤体重为 3.3μg）下调二分之一，改成了 1.6μg。❶ 包括发展中国家在内的世界各国政府及环保团体对此问题也开始采取新的应对措施（UNEP 在自己的网站上新设置了各国政府、NGO 的汞污染问题的链接）。最近，澳大利亚将汞摄取值重新修改为更加严格的标准。澳大利亚和新西兰食品及标准管理局以鱼类为例，劝告即使是男性及成人每周摄取海产品次数为也不能超过 2 ～ 3 次。❷

即使是在反对制定有关汞的国际公约的美国，环保署（EPA）与食品和药物管理局（FDA）在 7 月底联合召开了委员会，决定检测金枪鱼的总汞含量，并就汞污染对儿童及适龄孕妇的影响进行调查。❸ 美国 EPA 及若干个州因特定水域的鱼类有可能含有有毒物质，发出了禁止食用的通知或忠告。其中含甲基汞的罐装金枪鱼也被列入限制对象。❹ 在美国，即使在国家层面上有各种争论，政府部门在制定法律法规时也要毫不动摇地遵守保护公众安全这一原则。与之相反，日本政府要保护的是企业的生产和经营。不让公众知道汞污染问题是不想因"减少食用海产品"而使水产业尤其是金枪鱼、鲸鱼产业遭受打击。

与二噁英一样，日本对有害重金属也没有规定上限（即在此数值以下不会损坏健康的数值、容许标准）。美国对许多有害重金属，在反复调查的基础上多次下调了标准值。在汞污染的背后，存在着十分复杂的政治、经济问题，无法用简单的方法来处理。但是，汞污染正在通过臭氧层、大气层、海洋及海流向全球蔓延。虽然有关方面都已作出限制食用某些食物的规定，但只有看清问题的实质，才能从正面采取积极措施。

---

❶　http://www.who.int/mediacentre/notes/2003/np20/en/.

❷　http://search.marsfind.com/ufts.html?ver=100&uid=a74316aa24b211d8afd9e4cd12237343&status=2146697211&query=http%3A%2F%2Ffsanz%2F.

❸　http://www.cfsan.fda.gov/%7Edms/mehg703.html.

❹　例如 http://www.epa.gov/waterscience/fish/forum/pdfs/MN_momBR.pdf，EPA 还劝告可食用鱼类的汞浓度为 0.5ppm 以下。

不为人知的国际动态

日本政府没有把世界上汞污染的实际情况向国内公布，其中有许多理由。

日本虽然经历了"水俣病"，但在这个国家竟然谁都认为垃圾焚烧处理是理所当然的。尽管知道❶焚烧炉会排放汞，但国家却没有将汞列入大气污染防止法的限制排放对象。像世界各国在不断进行的全国范围内的海产品汞污染调查，这个国家却几乎没有做过。

没有调查，当然也就没有数据的积累。为了汇总上述 UNEP 的报告书，联合国要求各国及研究机构提交相关的资料和文献，但日本提交的是由大学研究人员编写的极为有限的地区性报告书❷。包括发展中国家在内的许多国家都定期进行汞排放源及污染程度的调查，并提交最新资料，而且其内容几乎都可以通过互联网浏览。但是，日本提交的资料"仅限于印刷品"，在互联网上检索不到，其英文版顶多是一至两页的概要而已。这种做法在国际上是行不通的。

如此封锁信息是日本的特色，而且日本环境省有过"先例"。

世界卫生组织里有一个化学物质安全计划（ICCS❸）机构。ICCS 在 1998年因担心未充分查明汞对儿童的危害性，为修改当时的汞环境保健标准而筹划制定了相关草案。并且，为了反映最新的研究成果和意见，将该草案送发各国政府。

可是，环境省（当时的环境厅）认为这份草案"内容上存在极多问题"，目前"燃眉之急是要建立一个稳定发展的体制"，因此成立了由水俣病、汞专家组成的调查研究会。这种做法不是要设定严格的标准，而是从一开始就反对制定更严格的规定。并且，政府根本没有公布这些内部动态，通过内部揭发才暴露出问题真相。在这之后，政府甚至连 WHO 的草案也不愿意公布。熟悉当时情况的原田正纯表示：

"WHO 的负责人 Bekin 博士对此感到十分惊讶，他指出公布这份资料时明确说明是为了听取广大专家的意见才分发给各国政府的。这件事充分说明日本政府没有资格宣称自己是引导世界环境问题的先驱。"❹

---

❶ WHO 环境保健评价标准《甲基汞》，1990 年（1976 年公布暂定标准）。
❷ 根据国立水俣病研究所举行的研讨会的资料等。日本提交的资料一览表参见：http://search.marsfind.com/ufts.html?ver=100&uid=a74316aa24b211d8afd9e4cd12237343&status=2146697211&query=http%3A%2F%2Funep%2FMercury.
❸ International Conference on Chemical Safety.
❹ 《被审判的是谁》，原田正纯，世织书房出版。

《汞公约》本应由经历过水俣病、拥有众多受害者的日本来主导才合乎常理。但是，有如此经历的政府绝对不让公众知道问题的存在，完全按照日本式的处理方法推迟解决问题。这也是造成日本有关限制汞排放的国内法规不完善的原因。

因此在目前这种形势下，日本政府更不会告知民众焚烧炉还在排放大量的汞，而且已成为国际性问题，也不会告知拥有大量焚烧炉的日本已十分危险，不能食用鱼类，尤其是金枪鱼及鲸鱼很危险，等等。为了不让知道事实真相的公众要求禁止垃圾焚烧及限制生产，政府抬出"风险评估"论混淆问题真相，或也许正在寻找阻止产生"社会不稳定"因素（soft landing：软着陆）的解决办法。可是，在2002年相继发生了牛肉、猪肉、鸡肉、大米等食品标识伪造事件，随后又发生了BSE（疯牛病）、转基因大豆、蔬菜农药污染等事件，这些都说明日本的"食品安全问题"已经濒临导致社会不稳定的边缘。

我们必须要知道的是，如今日本的环境政策无一例外，都是政府在国际公约，或两国间、多国间条约基础上，在了解了美国的意图后，再考虑到日本经济方面的因素后制定的。反过来说，日本的官僚们绝不会主动制定限制企业生产经营活动的环境政策。

问题是事实上许多类似的国际环境公约在日本几乎都没有被报道过。外务省负责掌握有关国际公约和国家间交涉的信息，但只把主要部分（只是政府需要的部分）翻译出来，转发给其他省厅。但是，把欧美局放在首要位置的日本外务省，应该有责任将美国的政策反映到日本的国家政策中，却无论如何不将国际公约如实转达给日本国内。

早在1992年，日本也曾大规模报道了在巴西的里约热内卢召开的联合国环境与发展大会，引起了世人关注。然而，政府却连在峰会上通过的《21世纪议程》也没有刊登在其网站上。该议程与在2002年约翰内斯堡首脑会议通过的《21世纪议程行动计划》内容完全一样，但在政府网站上不仅没有标准翻译资料，就连英文原文的链接都找不到。❶ 东南亚发展中国家则将该行动计划翻译成本国文字，并告知广大民众，这与日本形成了鲜明的对照（例如在中国，可用中文和英文浏览，网站上甚至注明了咨询联系方式）。

日本政府隐瞒问题的做法不止这些。政府以这个《21世纪议程行动计划》为基础，制定了许多与其精神背道而驰的国内法规及行政计划，其中《环境基

❶　2007年7月在与外务省的商议中也进行了确认。

本法》就是这样出台的。在此基础上，各都道府县都制定了各自的"环境基本计划"（被称为"地方议程"）。从未听说过《21世纪议程行动计划》的官员们按照政府的指示，制定了将气化焚烧炉与"循环型社会"相结合的基本计划。

连可依据的国际公约的标准翻译版本也没有，就制定与公约精神不相符的国内法及行政计划，这种做法是违反相关国际公约的，但在日本却没有一位学者对此提出异议。这些学者与外务省及其他相关省厅官员们作为日本代表一起参加各种各样的国际会议，但根本没有将正确的信息告知民众，这不得不令人质疑这些学者是否在转移问题的本质（指转为按经济理论思考环境问题）。日本人通常对企业的生产经营活动比较宽容，容易被优先先进技术的倾向误导，这也是日本民众没有发起要求"食品安全""空气安全"的大规模运动的原因，因为政府在各个方面封锁了真实的信息。

所有的国际协议及条约都是以实际上发生的事情为背景，为解决具体问题而缔结的。之所以要制定国际性环境公约，说明相关问题已不局限于某一个国家，已成为大范围的严重问题。对于到目前为止在某个国家或某个地区发现的问题，如果不在当今国际背景下去理解，将无法作出正确的判断。

3. 污染土壤的焚烧处理

汞与修复污染土壤的生意

有关汞的国际动态之所以没有传达到日本的另一个原因，是因为日本自"公害时代"以来进行技术开发总是以企业为主。当然，汞污染也是产业界的一个巨大目标。就像二噁英商机那样，汞商机也是以汞污染的存在为前提的。因此，日本有关汞的调查落后于世界其他国家。

而汞商机的相关各方放弃了难以捕捉汞"踪迹"的大气，集中到"被污染的土壤"上。

当然土壤是污染循环的"落脚"之处。在遍布垃圾焚烧炉的日本，河底、港湾底层和其他土壤的污染与其他国家相比要严重得多。自水俣病发生以来，汞就成了土壤污染的主角。但是，在20世纪70年代就相继制定了《大气污染防止法》及《水质污浊防止法》的政府，不知为什么对"土壤"没有采取任何防治措施。也许当时的污染过于严重，也许是企业的反对过于强烈，总之日本至今尚无一部"防止"土壤污染的法律。

代之以上述法规，政府在2002年制定了声名狼藉的《土壤污染对策法》。与此同时，大洋彼岸的美国却制定了《超级基金法》（即《土壤修复法》），利用国家（及一些企业的捐款）的基金来处理土壤污染。日本的《土壤污染对策法》是模仿该法制定的，将"防止"改为"对策"，处理费用不是由污染者而是由土地所有者负担，这些都反映出了日本产业界的意图。此外，重要的是因为是"对策"法，所以，其内容也是如何把污染土壤处理干净，也就是说，推销去除污染的技术必定要成为其主要内容。

日本的产业界自20世纪90年代初起，就这样（与美国、德国等一起）一面冷眼旁观联合国有关限制汞食用的动向，一面投入力量对其处理及去除技术进行开发（或引进技术）。但是，至今为止尚未看到去除大气及土壤和水中的汞的成功实例。UNEP在汞环评报告中明确指出，"即使开发出了那样的技术，也不能成为可以继续使用汞的理由"，明确否定偏重技术开发的做法。

然而，日本政府在审议《土壤污染对策法》之前的1999年，就公布了《关于土壤、地下水污染调查及对策方针运用标准》，给污染调查及去除技术等开了绿灯。❶ 那些技术涵盖重金属、无机化合物、挥发性有机氯化物、农药、油类等几乎所有的有害废弃物，其中多数都将"加热、焚烧"作为基本处理方法。但这些技术只不过都是企业的自我宣传而已，没有经过第三方机构认证。

而相关行业的目的是让环境省制定这个运用标准，在对策法实施后，就把该标准中涉及的技术运用于实际修复作业上。并且，在运用标准出台之前，各种验证实验都是用政府提供的费用进行的。实验选取的地点是东京近郊西八王子的农药工厂旧址，该处曾在 90 年代发生过汞污染。下文中将介绍一下该事件的概要。今后，随着土壤修复处理的进展，类似的污染会在各地蔓延的。

天上降汞的城镇

1998 年 6 月，西八王子的部分居民出现了以前从未经历过的症状，口中有金属味道、口腔发炎、舌头有异物感、眼睛肿胀、焦躁不安、倦怠感、咳嗽、耳鸣、头疼等。这些相同的症状随时间的流逝变得越来越严重，有的人出现了从手脚到全身的麻痹、指甲凸凹不平、呕吐、剧烈的咳嗽等症状。在儿童身上出现的上述症状尤其严重，有个 6 岁的男孩把手伸进口中，淌着口水，抓耳挠腮，一边哭着说"嘴里有垃圾"，一边在被窝里打滚。在当地发生了多起川崎病及不知由什么原因引起的高烧症状。❷

当地居民向八王子市政府及保健所咨询此事，均被置之不理。当人们想到原因是不是在于西八王子车站北侧的日本拜耳公司（NBA 公司）旧址的施工时，受害情况已经十分严重了。

NBA 公司的原名叫作日本特殊农药株式会社，自 20 世纪 40 年代起就一直在生产有机汞杀菌剂、有机砷剂、有机磷剂（杀虫剂）、氨基甲酸酯类农药。但是，1992 年他们决定将工厂搬迁到山口县，关闭八王子的工厂，并将旧址空地卖掉。卖掉之前在进行钻探调查时，发现整个空地受到了高浓度汞的严重污染，最严重的地方深达地下 14 米。

1996 年，NBA 公司在八王子市政府的指导下，与（株）大林组（大型建筑公司）一起制定了《NBA 八王子项目土壤处理基本计划》（NBA 计划）。该

---

❶ 《土壤地下水污染的调查对策指针运用标准》，环境厅水质保全局，1999 年。该标准中列举了大约 30 种净化处理技术。
❷ 《关于汞污染问题》（根据日本拜耳、荏原制作所、大林组的资料），田口操，2000 年 8 月。告知这个问题的宣传册。

计划准备采用荏原制作所的 Terrasteam 法（水蒸气加热法）在当地对 54 万 m³ 的污染土壤进行处理。所谓 Terrasteam 法（水蒸气加热法）是对含汞的重金属、氰基等无机化合物、含三氯乙烷等挥发性有机氯化物的污染土壤进行间接加热，同时，使其与 300 ～ 800℃的高温蒸汽接触，让污染物质挥发后收集进行凝缩、净化。

据说从 1995 年至 1996 年，上述方法作为环境省的示范项目"已验证"，但具体验证现场不详。另外，有记录显示，在现场的示范试验中约 50% 的汞去向不明。❶ 这表明，环境省及荏原制作所都已认识到这种方法是处于试验阶段的危险技术。

尽管如此，NBA 公司将旧工厂解体拆迁，在成为空地的旧址上建设修复设施，在住宅密集的地区就地进行汞污染土壤的处理工作。从 1998 年 4 月起至 2000 年 9 月，处理工作夜以继日，几乎没有停歇过。可见，对当地居民健康的影响与修复设施的投入运营是同时开始的。

在此期间，当地居民虽然通过请愿、上访、签名活动及一些直接行动等反复要求停止运行处理设备，但 NBA 公司、荏原制作所、大林组、八王子市政府对此都置若罔闻。由于处理设备是以"变更药品工厂"的名义修建的，不仅没有提交环境评价报告，环境评价后的居民说明会也未曾召开，当然更不会倾听居民的呼声了。有关方面甚至未与当地居民签订《公害防止协定》，许多居民未得到该项目相关的任何通知。

到了 1999 年，当地居民的健康危害更加严重，很多居民出现了指甲变形、变色及强烈焦躁等症状。同年 5 月，在有关方面对一部分居民进行的毛发检验中，从一个 3 岁女童检测到 9.7ppm，从一个 1 岁的男童检测到 7.9ppm 的高浓度汞。

与此同时，该公司附近住户的电视机、录像机、电脑、手机、电灯等频繁发生故障，有人怀疑是土壤处理装置产生的高低频电波造成的。对此，NBA 公司进行了调查，当然他们否定这种说法，但不知为什么对损坏的家电产品全都进行了赔偿和回收。其原因至今仍没有搞清楚。

正在此时，环境省制定的《运用标准》出版。看到这个标准，当地居民才知道 Terrasteam（水蒸气加热法）处理法在试验的时候就失败了（如上文所述，有 50% 的汞不知去向），其可处理的浓度范围为 200ppm ～ 1000ppm。然而，

---

❶《土壤地下水污染的调查对策指针运用标准》，环境厅水质保全局，1999 年。在该标准中列举了大约 30 种净化处理技术。《运用标准》，55 页。

在前年（1998 年）NBA 公司曾夸耀，"可对 5200ppm 的高浓度污染土壤进行处理"❶。由此看来，实际上有相当数量的汞未经过处理就被排放到了大气之中。

经过处理的部分土壤，被运到了市内工业废弃物填埋场当作填埋土使用。具体运到了哪个填埋场及运出的数量均不得而知。另外，据 NBA 公司说明，回收的汞被送到北海道留边蕊町的 ITOMUKA 矿业所回收利用，但没有公布回收总量。在工厂的旧址上到底丢弃了多少汞（以及其他的污染物质）？其中哪些物质如何被回收利用的（即物质收支）？这些情况一概都不得而知。

因此，当地居民提出了更强烈的抗议，他们与环保团体一道要求当时的环境厅长官（清水嘉代子）采取解决措施。但是 NBA 公司始终坚持"拒绝"居民要求。应当地居民的要求，NBA 公司进行了多次废气调查，但结果总是"没有问题"，土壤的调查结果甚至比国家及东京都的标准值少了好几位数。❷ 此外，八王子市请来演讲的国立水俣病综合研究中心的主任泷泽行雄还断言"不存在环境污染的危害"。

然而，1999 年 12 月，受当地居民的委托，千叶大学理学部的中川良三教授对现场进行了调查后指出，调查结果表明汞污染已经扩大到了距汞处理设施1 公里以外的地区。

"关于处理设施周围的环境，我们对汞处理工厂周围约 1 公里区域内调查的土壤、大气、矿水的调查分析结果进行综合考察后，得出的结论是，该区域的汞浓度是普通城市环境的土壤、大气及高水位时的所有汞浓度的 3～4 倍。

"我们应当对于（处理设施）与周围地区结合部的大气中汞浓度（1999 年6 月的 NBA 公司施工便览的记录为 $0.023\mu g/m^3$）与周围大气中汞浓度相比过低一事表示高度关注。"

总之，这是因为 NBA 说工厂旧址的污染比周围要少，居民才通过专家告知，说谎是不行的。但即使通过上述客观分析明确了存在汞污染之后，八王子市也不打算进行环境调查，NBA 公司也没有停止处理作业。据说行政部门的说法只是一句话："因为没有限制大气中汞含量的法律。"笔者在之后的采访时，从环境省的职员那里也听到了同样的答复："没有这样的法律。"尽管在所有的方面都违反了防治污染义务，但因为没有相关的法律，所以"没有办法"。

其后，在 2000 年 9 月，修复处理作业全部结束。在通过东京都环保局及

---

❶ 源自 NBA 公司向周围居民发送的每月出版的《NBA 施工讯息》。根据该资料推算，在 6万 m^2 的污染土壤中，汞含量10ppm 以下 1 000ppm 以上的土壤占整个土壤的 4%。
❷ 检测调查是环境计量证明事业所、财团法人日本品质保证机构等。

八王子保健所、八王子市、当地居委会委员、协议会的验收之后，NBA 开始拆卸处理设备，12 月拆除作业全部结束。

此时，当地居民再次委托民间机构❶对土壤进行了调查，确认土壤中有砷、铅、汞的污染。这与 NBA 公司发表的结果南辕北辙。根据该调查结果，当地居民向东京地区法院八王子支部提出了保存证据的申请，但一直等到 2001 年 6 月进行证据保存审理时，NBA 公司先以相关负责人不在为由拒绝提供资料，后又把提供的资料中的关键部分遮盖（涂黑）。

该事件因部分儿童出现了水俣病特有的运动障碍，媒体也做了大量的报道，但受害居民未能得到任何援助。污染受害事例中，有不少居民自身有中毒症状，在参与居民运动时要比普通的居民运动的参加者付出更多的辛苦。但是，居民们坚持不懈地开展运动，终于在 2002 年 8 月将该事件以刑事案件举报到八王子地方检察院。举报的根据是 1970 年制定的《处罚与人体健康相关的公害犯罪的法律（公害罪法）》。

该法是一部可称为环境法规最高水准的出色法律，不知为什么从未有人依据该法起诉。这也许是因为适用该法时不需要律师，会给企业造成巨大负担，所以被有意识地"忽视"了。但如果受理，该事件应该成为日本首例依据该法的审理案件。可是，检察官未做任何实际调查，一年后就驳回诉讼，而且没有说明驳回理由。关于该事件的背景，由举报人汇总后写进致负责审理该诉讼的检察官的陈情书（注解）里。

又过了一年之后的 2003 年 8 月，日本拜尔公司的旧址摇身变成了壮观的高层住宅楼群。虽然土壤污染的情况被写进了《重要事项说明书》，但不知道有关方面有没有向住户作出解释说明，对于不了解汞及其他重金属污染问题的住户，恐怕不会关注是否有过汞污染。

一位受害者曾讲述："当时在工厂旁边发生了两起杀人事件和伤害事件。那时大家心情都比较烦躁，我也很焦虑。孩子总是说真害怕！真害怕！好担心！"

最近据 BBC（英国广播公司）报道，英国自闭症的患者人数在过去 10 年当中增加了 10 倍❷，"但是谁都不知道急剧增加的原因在是什么"。

BBC 没有做更深入的报道。然而，在日本有许多论文指出，急剧增加的注意力缺损多动症（学习障碍儿童）及自闭症、抑郁症、冲动控制障碍等都与汞污染有关。这些论文资料为上述 UNEP 全球报告书提供了背景资料，也与

---

❶　环境调查研究所。分析业务委托给了加拿大的机构。

❷　http://news.bbc.co.uk/1/hi/health/medical_notes/a-b/1259961.stm.

制定有关控制焚烧炉等污染源规定的动态有关。

在日本有自闭倾向的人（对他人及社会不感兴趣，不想交往，对什么都没兴趣）以及自杀人数在增加等现象，这些也许就是汞等重金属危害在整个社会蔓延的结果。

注：

东京地方检察厅八王子分院

金田仁史检察员

陈情书

关于西八王子居民根据公害罪法举报日本拜尔公司和八王子市长一案，举报人提出补充事项。现将调查时需考虑要点列举如下，望务必正确认识为盼。

一、事件发生时《土壤污染对策法》即将施行这一因素对事件的影响

本案件也许会被看作一个企业的个例，但当时日本正要实施首部有关土壤污染的新法规（2002年5月制定），作为企业（成套设备厂家、大型建筑承包商、商社、相关行业）其非常想在这个领域中开发新的环保商机。所谓的NBA公司的事例是在该法制定之前的试验性项目，"必须成功"理应是最高命令。因此，有关方面没有重视对周围居民的健康影响，或者说完全无视居民健康也是可以想象的。

二、关于八王子市有可能为使用NBA旧址的相关方面提供过方便一事

《土壤污染对策法》是针对开发城市中工厂旧址的法律，去除土壤污染作业之后必将有该地皮的开发。在本案件中，先是NBA公司与八王子市协商土地交易事宜（1991年起。最后决定利用民间建筑开发商兴建公寓）。因市政府对公众的再三申诉置之不理，NBA公司在开发旧址上没有受到该法施行的束缚。冷静地思考一下此事，不得不让人怀疑NBA公司曾要求政府提供方便。

三、从居民的角度考虑此案件

我们最担心的是检察院不了解居民的状况。令人失望的是，这些居民对于法律及社会体制一无所知。他们的确是一点都不了解。在此我们不想一一列举诸如缺乏教育及日本人的特性等理由，但需要指出的是这种状况对于执政者来说是很合适的。居民不喜欢争执，即便遇到问题也希望和平解决。由于讨厌争执，这些居民对任何事情都采取"性本善"的态度，从来不会认为企业以及行政会作出可怕的事情，因此遇到问题也不知道有何处理方法。向律师咨询的手续费十分昂贵，以往有类似情况时，常常因为律师的说明晦涩难懂，起不到任何帮助作用。对于这些居民，不能想象他们会与法律界人士具有同样的认识高

度及应该在同一层次上进行交流。在考虑这些居民的情况时，如果不能下调到与居民同一"知识"层次来思考，则无法作出正确判断。

四、考虑原告的受害状况

关于汞中毒，想必贵检察院已经具有许多知识。请考虑一下汞的毒性现在还在给本案件的原告带来严重影响。这些原告也许有许多事情都已忘记，难以作出条理分明的陈述。但这是所有污染受害者的共同之处，在重金属污染受害者身上就表现得更加明显。目前日本尚未形成任何重金属污染诊断方法，在治疗上也只是极少部分的医师在摸索进行。

五、有必要从整个社会的角度对"公害"重新认识

如今，"公害"一词正从日本行政机关的词典中消失（代之常用的是"环境"一词）。而实际上，废气排放、焚烧炉焚烧以及大量各种各样的化学物质，都导致公害问题越发严重，可是防止遭受危害、保护居民的制度却消失了。比如，国立水俣病中心主任应市政府之邀到八王子市演讲时声称："没有因 NBA 旧址施工产生汞中毒。"应当对汞污染最有见识的该中心，却采取掩盖"公害"的态度，对此我们不得不抱有深深的疑虑。日本与世界各国相比汞使用量非常大，但由于对处理汞污染既没有明确的规定也没有限制规定，疑似水俣病（也许患病本人没有意识到）正在日本频发。

此处要提及一点题外话。由于日本的废弃物管理机构越来越偏向"焚烧主义"，因此，可以认为"污染"和"公害"将进一步加剧，将会给后代带来危险。希望拿出揭开遮掩"公害"的盖子和让问题全部暴露出来的勇气来审理本案件。

六、给被埋没的《公害罪法》以光明

当通过本案件得知有《公害罪法》时我们不禁喜出望外。1970年的公害国会上同时通过的许多公害相关法规，在30年后变得面目全非。关于公害受害者的救济，①公害健康受害保障法的出台必须加上指定地区这一条件，②按照水质污染毒物防止法等个别法追加的公害健康受害补偿项目，不得不提起民事诉讼〔还有其他③行政诉讼的办法（省略）〕。没想到在这个处处维护企业利益的国家还有直接追究企业的加害责任，以及提起刑事诉讼、告发的法律。

《公害罪法》的优点在于，没有被（国家）指定为有害物质的也可以成为该法适用对象，即使受害不明显，只要有可能存在危险就可以提起诉讼。该法完全站在居民的立场上，明确了公害的"犯罪性"。虽然这是唯一的一部与公害相关的刑事法，但令人吃惊是，到此为止，从来没有过按照该法诉讼及起诉的案例。这充分显示出日本的居民和司法人员的"水平"。衷心地期望您充分

发挥这部宝贵的法律的精神，使该案件成为首例按照该法审理的案件。

另外，如果有追加调查事宜，我还会欣然前往，望告知为盼。

2003 年 8 月 17 日

山本 节子

镰仓市津六〇二之五二

第六章

悬浮颗粒物（SPM）
——大气中有毒物质的"搬运工"

在焚烧炉造成的污染中最严重的是污染物质被直接排放到天空和大气中。人们把大气和天空当成了能够容纳无数污物的免费垃圾箱，不停地丢进工业"垃圾"。因此，不论我们是否情愿，都不得不呼吸混杂着各种污染物质的空气。我们无法选择呼吸的空气。

日本经历过尼崎公害、四日市公害等许多大气污染公害。对于这些公害事件，尽管政府和企业一直不肯承认污染与公害的关系，但人们对于大气污染的记忆却越来越淡薄。的确，在上述公害风波趋于平静之后，因黑烟引起危害的情况几乎不再发生。以大气污染为由要求工厂停产的呼声也很少听到。那么，日本的空气质量真的得到改善了吗？大气污染已经没有了吗？

答案是：大气污染仍然存在，而且比从前更为严重。现已查明大气污染不仅是哮喘、呼吸疾病的元凶，还是心脏病、抑郁症、死产、婴幼儿死亡等许多疾病和死亡的直接原因。成为其导火索的是潜伏在大气中的污染物——悬浮颗粒物（SPM）❶（Suspended Particulate Matter，即悬浮在空气中的颗粒物）。颗粒物本身无害，但悬浮颗粒物（SPM）能与二噁英及重金属等有毒物质结合或者吸附在其上面，而且由于个体很小，会被人呼吸到肺部深处，并严重危害人们的健康。

SPM 的一次性颗粒物的来源是火力发电厂和垃圾焚烧炉烟囱排放的废气及汽车尾气等，随着大气中污染物质的增加，浓度升高，有时会发生化学反应形成二次颗粒物。夏季经常发生的"光化学烟雾"就属于这种情况。由于光化学烟雾标志着大气污染的严重程度，在东京的暑假期间，有时孩子们会因光化学烟雾不能去户外活动。因为当化学烟雾警告发出时，呼吸室外的空气有受污染的危险。

大气污染从根本上威胁人类安全生存的权利。但是任何人都无法阻止大气的流动，SPM 等污染物，正在越过国境，向全球范围扩散。日本人也有必要知道"全球变暖"带来的灾难不单纯是温度上升，还包括 SPM 等有毒物质的污染。请再看一下第二章的图表。在焚烧炉排放的各类气体中，数量仅次于 CO_2 的是 SPM。这说明日本仍在把人类平等拥有的共同财产——大气当成了垃圾最终处理场。

---

❶ 日本在对悬浮颗粒分类时将 SPM 作为"浮游颗粒状物质"（即中文的"悬浮颗粒物"），将 PM 作为"颗粒状物质"（即 Particulate Matter，中文称为"颗粒物"）来区分，经检索未发现其在"学术上"的严格区分。本书中侧重于"悬浮颗粒物"的特点，除非另有注释，在本书中用 SPM 表示。

欧美为了解决 SPM 问题，采取了严格的管控措施，并出版了大量的论文及调查报告。可是在日本，这些情况几乎没有被介绍过。

本章将先对 SPM（PM）做基本说明，然后介绍相关的健康危害、东京都的柴油管制措施和国家采取的对策。

1．SPM 是什么？

大气污染物质与 SPM

在了解 SPM 之前，先看一下都有哪些大气污染物质。WHO（世界卫生组织）及 EEA（欧洲环保局）列举了下述六种大气污染的主要物质：

一氧化碳（CO）

二氧化氮（NO_2）：燃烧过程中生成

二氧化硫（SO_2）：燃烧过程中生成

铅（Lead）：来自含铅汽油、垃圾焚烧炉

臭氧（O_3）：由挥发性有机化合物（VOCs）和 NO_x（氮氧化合物）生成

悬浮颗粒物（SPM）：从发电厂、焚烧炉、汽车尾气直接排放出来；由大气中的 SO_2、NO_x、氨、VOCs 等通过化学反应生成。

一氧化碳是来源于所有的工业生产、生命活动的物质，作为温室效应气体而广为人知。❶

二氧化氮和二氧化硫与其化合物一起被统称为 NO_x（氮氧化物）、SO_x（硫氧化物），在日本说的大气污染物质就是这两类化合物，主要来源于所有工业生产的燃烧过程（包括焚烧炉在内）。尤其是煤炭等含硫成分的燃烧，会大量产生氮氧化物、硫氧化物，也是酸雨的元凶。

铅是被列为大气污染物质的唯一的重金属，是由于含铅汽油的使用，这表明石油相关企业负有重大的责任。另外，汞尚未被列入上述污染物质清单中。

关于名单里最后两种大气污染物质臭氧和 SPM，在日本很少有人知道。但这两种物质却是最难对付的大气污染物，已重新引起世人关注。

说到臭氧，臭氧层在极地上空形成的"臭氧层空洞"非常出名，人们也许会认为臭氧层对人类是有用的。的确，臭氧聚集在大气平流层的上空，只从遮挡太阳的紫外线辐射（会导致皮肤癌）这一作用来看是非常有用的，因此无论如何也要避免臭氧层消失。但是，在此提到的大气污染物质的臭氧不是高空的

---

❶ 在此虽然没有举例说明，温室效果气体中主要是 CO_2 的问题，每吨垃圾约含 1 吨 CO_2，焚烧炉排放到大气中的 CO_2 的数量相当于焚烧垃圾的吨数（据 EEA 2000）。

臭氧，而是通过各种途径产生的"地表臭氧"❶。据认为，地表臭氧是具有强氧化作用的有毒物质，是由大气中的挥发性有机化合物（VOCs）及氮氧化物等在太阳光热的作用下通过相互作用形成的，其大多数并没有被排放到大气中。这个本应该在高空的物质却在地表附近的人类生活环境内出现，导致了各种环境危害。

SPM 是悬浮在大气中的颗粒物的总称，不是特定的化学物质。其他的大气污染物质都用不同的化学符号表示，而 SPM 则用英文缩写字母表示。尽管不是特定的化学物质，其也被列为大气污染物质 。SPM 是导致环境恶化及人类死亡的物质，被公认为是有害的。虽然我们无法简单说明其特异性及复杂性，但是，至少从下面的补充"说明"里可以推测出有关方面的对应情况。先来看看日本官方对 SPM 的说明：

"PM 是由固体或液体形成的物质"

"SPM 是悬浮在大气中的颗粒，颗粒直径在 10 微米以下"

（摘自《东京都机动车排放氮氧化物及机动车排放颗粒物总量减排计划》）

"悬浮颗粒物是悬浮在大气中的颗粒物质，其颗粒直径在 10 微米以下"

（摘自环境省《关于大气污染的环境标准》）

从上面的表述中很难理解 SPM 的含义，反而会产生更多的疑问。"固体或液体形成的物质""悬浮的颗粒"是什么？ PM 和 SPM 是不同的物质吗？从上述含糊其辞的"说明"中可以看出日本产官学（指产业界、政府、学术界）的基本态度。与此形成鲜明对比的是，欧美及国际机构都把 SPM 列入大气污染物质，除了提供众多信息外，还对对 SPM 作出下述说明：

"大气中的颗粒物为含有有机物和无机物的复杂结构的复合物，其直径范围为 0.1 微米至 100 微米"（欧盟环保局《Pilot Report》，1993 年）

"颗粒状物质是对存在于大气中的固体颗粒和细微的液体水滴混合物使用的一般名称"（美国 EPA，《大气污染物质》，1997 年）

"大气中的颗粒物质被称作有机物和无机物的复合体"（WHO，《空气质量指南》，2000 年）

"悬浮颗粒物质是存在于大气中的浓度极高的气体和蒸汽，SPM 在分类上属于大气污染物质"（WHO/OMS《Fact Sheet》，2000 年）

由此可见，SPM 既不是有机物也不是无机物，既不是固体、气体也不是液体，

---

❶ 英文全称为 Ground-level ozone。化学符号为 O_3 或者 O_x。

而是一种复杂的混合物，这说明 SPM 是很难对付的。欧美把 SPM 看作一类非常复杂的大气污染物质，认为 SPM 问题具有紧迫性，需要国际社会协同解决。

如上所述，SPM 为悬浮在大气中的极小的固体物质的总称，其范围从我们在日常生活中能看到的煤烟、灰尘、沙尘、粉尘、花粉等肉眼可见的物质，到只有用显微镜才能看见的微小物质，跨度相当大，来源也多种多样，有自然存在的也有人为的，还有二次形成的。

天然的 SPM 和人为的 SPM

自然存在的 SPM 存在于地球上的时间与地球形成的历史一样漫长，在大气中与人类共处。之后，人类身体在自然进化中形成了将自然界的 SPM 排出体外的能力。但是自工业革命以来，人类日趋活跃的生产活动产生了与自然存在的 SPM 迥异的 SPM。

人为的 SPM 和自然的 SPM 的根本区别是大小（尺寸）。

SPM 的尺寸非常小，一般要用微米单位来表示（即 μm，1 微米相当于 1 米的百万分之一）。（在表述 SPM 时，人们大多将其单位省略掉只写 PM 颗粒直径，本书也如此效仿❶）。从特性上看，多数自然 SPM 的大小是肉眼可辨的（虽然有的也十分微小），与之相比，人为的 SPM 则小得无法用肉眼看到。

SPM 通常按照来源及大小、一次生成物、二次生成物等分类。关于其测定方法及分类，国际上尚无统一标准。在此，先将其来源分成两部分进行说明。

* 自然存在的 SPM

来源：风吹起的土壤颗粒物（未做铺路施工的道路上的尘土）、火山喷发产生的粉尘、雾、植物的花粉、菌类的孢子、大海潮汐的飞沫等。

数量：自然活动产生的 SPM 是人类无法控制的。今后，人类越发活跃的生产活动导致的全球气候变暖及沙漠化会使其数量增加。

尺寸：大致在 PM10 以上。其中尺寸小的也有 PM2.5 的，自然的 SPM 通常❷都在 PM2.0 以上，滞留时间短，会迅速沉降到地上。

健康危害：自然存在的 SPM 即使进入人体内，也会被鼻黏膜及纤毛排到体外。

---

❶ 除非另有注释，本书中的 PM10 表示的是粒径"小于"10 微米、PM2.5 为粒径"小于"2.5 微米的颗粒物。

❷ 《焚烧与健康》，绿色和平埃克斯特研究所，2002 年 6 月。

*人为的 SPM

来源：物品的燃烧、废弃物焚烧炉、煤炭和石油的火力发电、冶金生产、汽车和船舶等排放的尾气、道路上扬起的灰尘、凝缩性颗粒物、二次形成的颗粒（二次气溶胶）。

数量：随人口的增加而增多。欧美通过严格管控，数量开始减少，而亚洲反而在增加。

尺寸：在 PM10 以下。PM2.5 及 PM0.1 的微小颗粒居多，其中含有很多二次颗粒物。因这些颗粒物非常细微、很轻，因此沉降速度缓慢，可随风远距离移动。最近，直径更小的纳米级颗粒物（1 纳米为 1 米的十亿分之一）开始引起高度关注。

健康危害：由于人为 SPM 可以通过呼吸道到达肺的最深处，从而导致发炎等生理反应。另外，吸附在颗粒物上的化学物质会带来各种健康危害。

如上所述，SPM 本身不是特定的化学物质。但是，构成人为 SPM 的物质大部分是大气污染物质，主要源自煤炭燃烧和石油燃烧发电设施、锅炉、所有物质的燃烧过程、汽车尾气、垃圾焚烧等人类的经济生产活动。由于人类每天以元素、有机物、无机物、化合物等不同形式，向大气排放着数万吨的 NO_x 及 SO_x、VOCs、重金属以及其他未知的有毒物质，因此，只要 SPM 与这些有害物质结合在一起，当然就是有害的。

例如，在美国东部产生的 PM2.5 的主要成分是硫酸和氯化物结合形成硫酸盐。由于人们已搞清硫酸盐通常是由煤炭发电厂排放出来的 SO_2 生成的，因在大气中的浓度升高后形成了硫酸盐 SPM。因此美国环保署采取了酸雨防治措施，结果 SO_2 的排放自 1983 年到 2002 年减少了大约 33%。同一时期大气中 SO_2 的浓度在美国全国范围减少了大约 54%（摘自 USEPA2002 Highlight）。此情况表明，虽然大气污染公害是因人类经济生产活动造成的，但如果采取恰当的管控措施是可以解决的。

当然，人为的 SPM 也与自然的 SPM 一样自古就有。其数量陡增是在工业革命之后。在近数十年当中，能源使用的增加[1]、各种化学物质的使用、全球规模的环境恶化[2]，使产生的 SPM 远远超过了从前的排放量，其毒性也增强了。

---

[1] 从 1973 年至 1998 年的总能源供给量增加了 57%，其中多半是来自石油、天然气、煤炭、核电站等非再生能源。

[2] 大量使用化石燃料及石化产品和新原料、人口增加、热带森林的破坏、沙漠化、全球气候变暖导致的海平面上升等。

尤其成问题的是人为 SPM 的粒径 "小"。

PM2.5、微小颗粒、二次颗粒物

SPM 的微小程度之所以危险是因为人体无法应对自然界中没有的细微物质。尽管人类在漫长的历史中获得了去除侵入体内异物的防御功能，但如今要面对的毕竟不是从自然现象中产生的物质。若是 PM10 以上的自然 SPM，万一人体将其吸入体内，可以通过身体的条件反射，由鼻腔的纤毛、咽喉、气管等完全排到体外。即便进入肺里，也到不了肺部深处，不会产生生命危险。

与自然的 SPM 相比，人为的 SPM 因为非常微小，可轻而易举地穿过人体内的防御系统到达肺部最深处。如果有害物质与 SPM 结合或吸附，会直接进入血管及体内的器官。并且，如果有毒物质含量高或 SPM 的数量多，人体将会呈现急性症状，有时会导致死亡。即使是在浓度低、数量少的场合，也会引起慢性健康危害（慢性呼吸系统疾病、肺癌）。

考虑到上述 SPM 会对人体的健康造成影响，国外将 SPM 按照粒径大小划分开，作为判断危险性的标准。下面列举具有代表性的类别。其中最危险的是 PM2.5 及更小的 SPM。

PM10：直径在 10 微米以下的粒子，被称为 "粗大颗粒"。可通过鼻呼吸进入呼吸道。

可入肺颗粒物：大体与 PM10 相同，可通过鼻子吸入到肺部。

PM2.5：直径小于 2.5 微米的微小粒子,被称作 "细微颗粒" "可吸入颗粒"。可被鼻子吸入，能达到肺部支气管最深处。

PM0.1：直径小于 0.1 微米，被称为 "超细颗粒" "超微颗粒"。该 SPM 本身的构成无害，但超微颗粒化学反应性强，易于传播有害物质。其微小程度是对人身体有害的。

纳米级颗粒物：直径在 1 纳米以下（即 nm，1 纳米为 1 米的 10 亿分之一）的粒子。有无毒性还在研究。

产业结构的复杂化及使用类似挥发性有机化合物的化学物质增加了人为 SPM 的排放。据说对于细微 SPM，即使用最先进的尾气净化装置也难以捕捉到，尤其是 PM0.1，几乎全部被排放到大气之中。

目前，将 SPM 按生成过程大致分成以下三大类。首先是从汽车及焚烧炉、煤炭火力发电厂等以直接 SPM 形式排放到大气中的一次颗粒物。其次，在高温下排放的气态物质在大气中被冷却凝缩后形成的凝缩性颗粒物（日本称之为凝缩性尘埃）。再有，被排放出来的 NO_x、SO_x、氨等粒子在大气中发生化学反应后形成的二次颗粒物。

在这些 SPM 中，特别有问题的是二次颗粒物。因二次颗粒物的颗粒非常小，化学反应性强 [1]，所以，当金属氧化物、氯化物、有机化合物等吸附在其表面后容易产生有毒的气溶胶。任何物质在大气中都不会保持元素的状态，如大气中有其他的物质及颗粒物，就会与其结合成有机化合物或无机化合物等稳定的形态，不久就会沉降到地面。这类在大气中停留时间长的微小颗粒物，有促进二次颗粒物生成的作用，并吸附有毒物质并将其固定，因此其本身就具有很强的毒性。

上述颗粒物的特征，可以很好地说明上一章提到的汞污染的扩散现象。即细微颗粒物成了把大气中的有毒物质沉降到地上的"搬运工"。汞及 PCB、二噁英、VOCs 等许多化学物质污染在野生生物及人类、大气中到处扩散，意味着有毒物质及其"搬运工"在大气中增加了。大量喷吐着各种有毒物质、氧化气体及 SPM 的焚烧炉、发电厂及汽车在很大程度上促进生成危险的二次颗粒物。

"包括所有样式的垃圾焚烧炉在内，在燃烧过程中形成的颗粒大多是直径不足 0.1 微米的超细颗粒。……直径不足 0.1 微米的颗粒，大部分都能轻而易举地通过焚烧炉的过滤装置。有征兆显示在焚烧炉上设置的最新污染防止装置，尤其是为减少氮氧化物而设置的氨喷射装置，甚至促进了最细小最危险的颗粒排放到大气中。" [2]（Howard, 2000）

---

[1] 大量使用化石燃料及石化产品和新原料、人口增加、热带森林的破坏、沙漠化、全球气候变暖导致的海平面上升等。"颗粒越细微，其单位面积上的原子数量就越多。继而表面电荷增多，化学反应加快。除此之外，正如人们所知道的，超微小金属颗粒容易发生化学反应。"（《Jefferson & Tilley》，1999）

[2] 《焚烧与健康》，绿色和平埃克斯特研究所，2002 年 6 月。

2．SPM 与健康危害

SPM 增加了死亡率

SPM 与死亡率及患病率的上升存在直接和密切的关系，这一点从 20 世纪初就已广为人知。当时在英国的伦敦及伯明翰有许多人因雾霾导致的大气污染而死亡，自那时起悬浮在大气中的微小颗粒的危害和致命性就为世人所关注。此后，大量有关 SPM 的健康危害的科学研究和临床研究证明了 SPM 与哮喘、过敏症状的恶化、呼吸系统疾病的增加（咳嗽、呼吸导致的胸痛、呼吸困难、肺功能下降、慢性支气管炎）、低体重儿、新生儿死亡率的上升等都有直接关系。SPM 会影响健康已是众所周知的事实。

当人们吸入 PM10 以上的粗大颗粒时，会出现类似哮喘的呼吸障碍，对于大小在适于吸入范围内的颗粒物来说，即使其成分无害，当颗粒物穿越身体防御屏障，到达肺部深处时，也会引起异物反应。对于支气管细小无法充分呼吸空气的儿童及肺功能差的呼吸疾病的患者来说，会引起呼吸困难及哮喘加剧。如果是婴幼儿，有时会因呼吸困难而死亡。因此，心肺功能尚未发育成熟的儿童、心肺功能衰退的老年人、患心脏及肺部疾病的患者必须要避免接触颗粒物。

但是，如上所述，许多小于 PM2.5 及 PM1 的颗粒物含有 pH 值高的氧化物及碳、重金属、VOCs 等有害物质，当人吸入含有这些物质的高浓度颗粒物后，有害物质会直接到达身体的最深处，即使是成人有时也会在短时间内出现急性反应。例如，含有钒的颗粒物会损伤末端支气管引起炎症，含镍的颗粒物会引起肺泡炎。而且这些炎症会促进血液凝固，容易引起心脏病发作。

"PM2.5 中含有的镍从肺部进入血液，刺激心脏的电生理系统，引起心跳过速。含铅和铁的细微颗粒会损伤心肌。最近，从在多伦多进行的志愿者实验得知，在两小时内吸入臭氧与 150 微克／立方米的 PM2.5 混合气体后，实验者的臂部动脉甚至缩小了 3%。"[1]

因此，类似上述的颗粒物增加会直接使心脏及肺部疾病住院患者和呼吸系统疾病增加，还和新生儿死亡有直接关系，后者已在最近美国的大规模调查中

---

[1] 《NDUSTRIAL AIR POLLUTION AND THE COUNTRY DOCTOR》, Dick van Steenis, 15 March 2002.

被再次证实。2002 年在《美国医学协会杂志》上发表的上述待查研究报告汇总了历时 20 年跟踪调查美国各地数十万居民的结果，其中研究人员特别关注的是 PM2.5 的相关研究。

"大规模的科学调查研究表明，长期接触大气污染物质会患肺癌。长年呼吸含有煤烟及粉尘的颗粒物会使心脏病患者的死亡风险大大增加。"❶

研究人员将患者的死因与他们居住地区的污染水平进行了比较，发现特定疾病与污染之间存在着令人惊讶的相关性。1 立方米的颗粒物每增加 10 微克，肺癌的死亡率就会增加 8%。此外，心脏病也随颗粒物的增多而增加。

获得英国心脏基金❷的赞助后，英国伯明翰大学也对大气污染物质与心脏病发作的关系展开了大规模的调查。根据该调查，越来越多的病例表明英国的心脏病住院患者与每天的大气污染物质的变化存在直接关系，因此该大学还准备针对不同污染物质对心血管系统带来什么样的影响进行调查。

报道这条新闻的 BBC 转达了主持这项研究的 John Ayres 教授的表述：

"已经查明，严重的大气污染与心脏冠状动脉疾病死亡病例是有关联的。"

"我们大家都已置身于污染物质之中。患心脏病的人对吸入的空气中的某些成分非常不适应，受到很大影响❸。"

在 PM2.5 包含的有害物质中有许多能引起突然变异的物质，这些物质会增加患癌症的风险，并缩短人的寿命❹。在欧美，许多研究证明低收入者居住的污染集中的地区与高收入者居住的污染较少的地区相比，疾病的发生率、住院率、死亡率（尤其是英年早逝）都比较高。

除了列举的这些疾病之外，颗粒物还与甲状腺功能低下、糖尿病、风湿、关节炎、畸形、死产、围产期夭折、婴幼儿死亡等有关。（从研究结果中）可明显看出，这些病症发病最多的是有害废弃物焚烧炉（就是日本所说的工业废弃物和普通废弃物的混合焚烧炉）的周围地区。

"在欧洲的几处有害废弃物处理设施的 5 公里范围之内，畸形病例显著增加。伴随着陶里亚蒂垃圾处理场转向处理有害废弃物，在其 5 公里范围内，畸形、围产期死亡、婴儿死亡率均增加一倍……在朗达（英国）地区因苯乙烯、塑料、铅、乙烯氧化物、氯以及使用过的铀等放射性废弃物，导致了许多先天性畸形

---

❶　摘自《Air Pollution Cancer Fears Grow》，BBC，6 March 2002。
❷　British Heart Foundation.
❸　同本页注❶。
❹　"每吸入 10 微克／立方米的 PM2.5，寿命会缩短 1.5 年"的出处与上页注❶相同。

儿，三名孕妇中就有一人或更多的人接受了堕胎手术，生下来的活着的婴儿都存在各种先天性障碍。在处于维拉尔下风头的惠灵顿，四个孕妇中就有一个人会发生流产或死产……" ❶

像这样的颗粒物污染和死亡率的相关性不只限于发达国家。据 WHO 估计，在发展中国家每年有 190 万人因室内高浓度颗粒物污染而死亡。

过敏性皮炎、过敏症、抑郁病

2003 年 2 月，有报道说，"易患花粉症及哮喘等过敏性疾病体质的年轻人正在增加，有九成的 20 岁左右的年轻人是过敏"预备役"。此结果是国立成育医疗中心（NCCHP）研究所和东京慈惠会医科大学以 258 名学生为对象，在基因层次上研究过敏机理时得出的结论。

"其检查结果显示，对杉树花粉呈阳性的为 187 人（占总人数的 73%），螨虫阳性为 154 人（占总人数的 60%）。对某些抗体呈阳性反应的学生总数为 223 人（占总人数的 86%）。过敏性体质是在婴幼儿期形成的，这段时间生活在大城市的人有 92% 的人呈阳性，其人数要高于生活在中小城市的人（约占80%）。"（据日本经济新闻，2003 年 2 月 28 日）

根据过去对其他调查对象组的调查，1978 年呈阳性的为 20%，1991 年为40%。也就是说，从 20 世纪 90 年代起过敏性"预备役"骤然增加，尽管不同年龄组有些差别，但呈现出全国性的增长趋势。对于为什么这个年龄段的人过敏阳性反应比较突出，研究小组作出了下述解释。

"在卫生状况良好的环境下抚育的婴幼儿容易患上过敏症，这种假说最近备受关注。日本在 70 年代前后，婴幼儿所处的卫生环境得到了极大改善，也许是在这个背景下才有了此次的调查结果。"（据日本经济新闻，2003 年 2 月28 日）

的确，从 20 世纪 70 年代起日本的环境发生了巨大变化。但并不像那些研究人员所说的卫生环境得到极大改善，正好相反，其原因在于未知的化学物质、颗粒物和重金属等这些看不见的大气污染在悄悄扩散。

1975 年是各种公害相关法案在国会上通过的"公害国会"召开的一年。在这些通过的法案中就有《废弃物处理法》。并且根据这个法律，全国各地纷

---

❶ 《NDUSTRIAL AIR POLLUTION AND THE COUNTRY DOCTOR》，Dick van Steenis, 15 March 2002.

纷开始兴建焚烧炉。上述调查的对象正是在那些焚烧炉大量开始运转时出生的年轻人。他们是刚一出生就马上受到人体从未经历过的各种污染物质"洗礼"的第一代人。

横滨市立大学于 1999 年进行的另一项调查（监测先天异常儿童）也显示在出生的婴儿中先天异常的人数正在增加。[1]根据对出生记录调查的结果显示，从 1972 年到 1998 年，外表畸形儿的比率从 0.7% 增加了一倍达到 1.5%，死产也增加了一倍，从 1% 增长到 2%。按照 1998 年的实际数据来看，在 207 家医院的妊娠人次为 96 303，其中畸形儿为 1 449 人次，死产为 1 907 人次。从这些数字上实在无法得出环境得到了改善的结论。有一些不妙的事情确实正在蔓延。此外，如下述所示，即使在没有什么污染排放源的地区，我们也必须要注意到越来越多的孩子们患上哮喘病这一事实。

正如上文中反复阐述的那样，孩子们受到的环境污染的影响是最严重的。无论是先天异常的增加，还是过敏性皮炎等各种过敏性疾病的蔓延，抛开通过大气污染造成各种复合污染的多种有害物质则无法解释这些现象。孩子们经历的这种状况从前都被认为是"公害"的。在《公害对策基本法》[2]中公害被定义为："所谓公害是因事业活动及其他人类活动产生的相当范围的大气污染、水质污浊、土壤污染、噪音、振动、地基下沉（采矿除外）以及恶臭对人体健康或生活环境的损害。"然而，具有讽刺意味的是，由公害国会制定的《废弃物处理法》反而加剧了公害的泛滥。

之后，政府废除了《公害对策基本法》，制定了《环境基本法》。2000 年在《环境基本法》的下面制定了《推进形成循环型社会基本法》，并根据后者促进了兴建气化熔融炉。正是从"公害"两个字在日本法律法规中消失的时候起，新的公害又开始出现，不是出现在法规里，而是出现在公共环境中。

有研究报告指出颗粒物会加重焦虑和抑郁状态。

"（PM2.5）会导致年龄在 13 岁到 45 岁的人患精神分裂症、劳累过度、心血管疾病，会增加年龄在 46 岁以上人的呼吸疾病、心血管疾病。德国的研究结果显示，随着 PM2.5（颗粒物）的增加，精神分裂症患者也会增加。某种 PAH[3]、

---

[1]　《环境激素共同研究项目》，1999 年度报告书。

[2]　《公害对策基本法》（1967 年 8 月 3 日公布实施）中"与经济和谐"的条款在公害国会上也被删除了。

[3]　因 Polynuclear Aromatic Hydrocarbons（多环芳香族碳氢化合物）化石燃料的燃烧产生的有害物质，易于与 SPM 结合，有致癌性。

重金属及有机化合物还会引起抑郁症。"❶

　　如上所述，铅会增加冲动、暴力倾向，汞会导致抑郁状态甚至会引发幻觉。实际情况显示，居住在污染地区的居民及哮喘病的患者，很有可能患上其他疑难病症。有研究结果指出，日本的小学校中有学习障碍的儿童（LD儿童，即Learning Disabilities）及注意缺陷多动障碍儿童（ADHD）在急剧增加。在过去没有先例的这些现象，排除了巨大的环境变化这一因素是无法解释的。此外，如果将年轻人中蔓延的凡事漠不关己、焦虑、自我封闭倾向、暴力倾向、情绪波动激烈等性格取向也与大气污染联系起来重新研究，肯定会有新的发现。

---

❶《NDUSTRIAL AIR POLLUTION AND THE COUNTRY DOCTOR》，Dick van Steenis, 15 March 2002.

3．悬浮颗粒物（SPM）对环境的影响及世界各国采取的解决措施

酸雨

　　飘浮在大气中的细微颗粒物可乘风飘到距排放源很遥远的地方，随气流而至的颗粒物给各地区带来很大影响。颗粒物与雨、雪、雾一起降落到地面，这种由颗粒物造成的损害通常被称为"酸雨"或"酸性沉降"，20世纪80年代曾在欧洲成为严重的环境问题。由于酸雨的影响，当时被认为与污染无缘的北欧斯堪的纳维亚半岛的数千个湖泊中，已不见鱼的踪影。来自欧洲内陆工业地带的含有氧化物及氯化物的颗粒物，落到斯堪的纳维亚半岛等高纬度的地区，使当地的土壤及水系变成酸性。

　　像湖泊及海湾这样的封闭性水域，一旦水中的营养平衡即生态平衡被打破，则难以恢复到原来的状态。酸雨及有毒物质导致湖中的微小生物灭绝，以其为食物的鱼类也就无法生存下去了。在北美也出现了同样的问题。而且目前湖泊沼泽的酸性化问题在中国大陆也十分严重。另外，世界范围的捕鱼量减少成为一个突出的问题(人为的乱捕也是原因之一)，这很有可能是水污染造成的。大气中的有害物质如此之多，以至于都能够发生化学反应，如果说这些有害物质不会给最后的归宿——大海带来任何影响，那是无论如何也不能想象的。因此，在不远的将来，也许我们会创造出"酸海"。

　　由于酸雨还掠夺土壤中的营养，所以导致经受不了污染（酸性沉降）的树木和植物无法生存，以致生物多样性消失。在欧美由于酸雨和大气污染妨碍作物生长，农作物及林业的收获量急剧减少。而欧洲有许多森林枯萎也是一个显而易见的受害实例。在德国，号称公民财产的黑森林开始枯萎的新闻，则震惊了全世界。

　　在日本也发生了类似的情况。例如，绵延在神奈川县西部的丹泽山系的冷杉及山毛榉的枯萎开始引人注目也是在20世纪80年代。山毛榉枯萎现象多发生在海拔较高的山脊棱线处，在朝南的海拔略低的地方，有些树下的杂草已经枯萎并露出了表土 ❶，而且这些现象还在持续着。究其原因，有害虫、疾病、过

---

❶《畅游丹泽》，铃木澄雄著，1993年，梦工房出版发行。

度使用❶、地下水枯竭等各种说法。但如果将这些现象与世界范围的大气污染现状联系起来考虑，似乎大气污染一说应该比较恰当。

然而，由于在丹泽的周围地区除其东部的秦野盆地以外，没有较大的工业地带，所以可以认为污染来自首都及其周边地区。首都地区人口在1 000万人以上，从大量的垃圾和焚烧炉、大流量的机动车、京滨工业地带排放出来的含有大量污染物质的大气，借助城市热岛现象飘浮在首都地区上空，又随风飘散到周围地区。乘着西南风飘向东北地区的污染气流使当地的山林枯萎；而乘着东北风穿过东京湾的气流则在相模湾遇到白天的海风（南风）后改变方向，吹向丹泽山地区。正是后者的海风使高浓度的污染物沉降下来。大海是提供氯的基地，同时波浪的飞沫可产生自然颗粒物（自然颗粒物中的微小颗粒），飘至海上的首都地区的污染气流又与新的颗粒物相结合，并通过阳光作用下生成的臭氧形成二次颗粒物，因此有可能提高了整体颗粒物的浓度。

可以证明上述推理的有一份数据统计，即神奈川县教育委员会每年进行的儿童疾病调查。根据该调查，神奈川县小学校患哮喘病儿童的比率在位于工业地带的川崎市为8%，横滨市为8.6%，三浦半岛的市町村的比率则要高于前者。❷例如逗子市为8%，叶山町为9%，横须贺市为9%，至于三浦市竟然达到了9.6%。虽说该地区正在开发，但三浦市还有丰富的自然，工厂也不是很多（美军基地除外）。据认为，之所以该地区的哮喘病患病率高，是由于大量船舶通过狭窄的东京湾时排放的DEP❸与首都地区的污染气流离开东京湾时在三浦半岛中央部的丘陵地带（150米左右）相遇，使污染物质沉降下来。而如果想搞清这些情况，只要对颗粒物的成分进行调查就会水落石出。

神奈川县各地区小学生患哮喘病人数

三浦半岛的市、町的患病率高也许是SPM（悬浮颗粒物）的影响。

---

❶ 因游客过于集中，从而给自然环境造成了巨大的负荷。
❷ 在2002年度，神奈川县教育厅教育部保健体育科进行了学校保健（小学生疾病的趋势）实际状况调查，在湘南三浦地区约49 000名小学生中，患哮喘病的学生有3 500人，患病率平均为7%。
❸ 在柴油尾气中的SPM，此后将详述。

表5　神奈川县各地区小学生患哮喘人数统计表

地区	项目	调查对象儿童人数	患病者实际人数（人）	患病率（%）
横滨市		179 434	15 504	8 641
川崎市		63 299	5 058	7 991
横须贺市		22 434	2 028	9 040
湘南三浦	镰仓市	6 461	509	7 878
	藤泽市	21 134	1 597	7 557
	矛崎市	12 183	599	4 917
	逗子市	2 475	198	8 000
	三浦市	2 757	265	9 612
	叶山町	1 536	138	8 984
	寒川町	2 815	207	7 353
	小计	49 361	3 513	7 117
高相	相模原市	35 024	1 989	5 679
	大和市	11 573	496	4 286
	海老名市	6 629	558	8 418
	座间市	7 309	332	4 542
	绫濑市	4 515	340	7 530
	小计	65 050	3 715	5 711
中	平塚市	14 307	1 110	7 758
	秦野市	9 278	499	5 378
	伊势原市	5 678	246	4 333
	大矶町	1 539	94	6 108
	二宫町	1 723	69	4 005
	小计	32 525	2 018	6 204

（据2002年神奈川县教育委员会的调查结果）

表所显示的 SPM（悬浮颗粒物）及酸雨的危害最明显的是欧洲许多城市的"污渍"。曾经有一段时间，在伦敦及巴黎一些城市，建筑物因煤烟和粉尘变得发黑，显得有点脏。大理石的建筑物、石像及纪念碑等带有黑色带状痕迹，严重的时候甚至会因酸雨的强烈腐蚀而将建筑物等表面溶化，据说有时连石像的相貌都发生了变化。在那之后，许多城市展开了清洗、修复建筑物等清洁工作，使城市面貌焕然一新。但是，只要损坏建筑物美观的根本原因没有消除，今后保护建筑物的战斗还会持续下去。

在大气污染物质带来的环境污染问题中，对于日本人来说，最不了解的也许是"能见度低"或者"能见度差"。在美国国内开阔的地区经常发生由霾（haze）导致的大气能见度低的情况，为了减少霾的主要原因物质——颗粒物和臭氧，美国制定了关于确保能见度的限制规定（1999年）。从地区看，类似大峡谷、黄石等国立公园发生霾较多，EPA认为，"霾是由造成大气污染的微粒子形成的，这些微粒子又被气流搬运到很远的地方，在远离数百英里的地方惹起祸端。"因此，美国相关的州准备合作制定一项使能见度恢复到自然状态的长期战略。

欧美的环保政策——重新修订PM（颗粒物）标准

大气是会跨越国界移动的。因此，与解决土壤污染及水系污染问题相比，治理大气污染更需要国际性的对应措施。经历了严重的烟雾污染和酸雨的欧洲，先以欧盟（EU：European Union）为中心制定了排放源限制规定，并在1979年正式通过了以减排主要污染物质为目的的《远距离越境大气污染公约》（CLRTAP❶）。根据此公约，缔约国必须实施各种与污染物质减排目标相关的议定书中的规定。因此，欧洲各国、加拿大、美国都分别制定了各自国家的限制排放方针。根据该公约制定的最新的议定书是1999年签署的关于SO_2、NO_x、VOCs、氨（NH_3）减排的《消除酸雨·富营养化·地表臭氧议定书》❷。

当然，在这期间要求限制排放的公众、政府与想要回避限制排放的企业之间引发了很大争论。但是，截至20世纪80年代，有关各方找到了在环境保护成本和确保经济增长之间可以取得一致的共同点，这就是后来作为环保政策的基本观念被采用的污染者付费原则（PPP：Polluter Pays Principle）。最近，延伸生产者责任原则（EPR：Extended Producer's Responsibility）正在成为主流观念，这是在污染者付费原则基础上形成的。

但是，在20世纪80年代，人们对颗粒物的认识还不够充分，认为颗粒物充其量就是PM10。WHO（世界卫生组织）曾在1994年10月宣布PM2.5的安全值没有下限（阈值）。于是人们立刻认识到，无论多么微量的PM2.5也是危险的，此后许多国家都修改了限制标准，并不断对排放源采取更加严格的规定。例如，美国在1997年之前，修改了以前仅以PM10为限制对象的颗粒物标准，增加了PM2.5的标准，年标准值为每立方米15微克，24小时的标准值为65微克/立方米（WHO的指导性规定值为70微克/立方米）。美国环保署

---

❶ Convention on Long- Range Transboundary Air Pollution（CLRTAP）.
❷ Protocol to Abate Acidification, Eutrophication and Ground-Level Ozone.

目前在国内设立了许多监测点，对 PM2.5 进行监测、采集数据。

日本人应当知道，在世界各国展开的有关 PM2.5 与疾病的关系的大规模研究，正是在上述社会和政治动向的背景下进行的。此外，2001 年签署的《斯德哥尔摩公约》也是在人们与大气污染的斗争中签署的。

4．日本的 PM（颗粒物）对策

30 年不变的标准

日本的环境省对 PM 设定了"每小时 PM 浓度的日平均值应低于 0.10 毫克 / 立方米，并且每小时浓度要低于 0.20 毫克 / 立方米"的标准。可是这个标准不是规定只是指标而已，人们没有义务要遵守。

悬浮颗粒物（SPM）

> 每小时 PM 浓度的日平均值应低于 0.10 毫克 / 立方米，且每小时浓度要低于 0.20 毫克 / 立方米（据四八·五·八告示）。测定方法是通过过滤收集来测量重量浓度，或以该方法为基础测定的重量浓度有直线性关系的光散射法、压电晶体平衡法或者叫作 β 射线吸收法来测定。

（当我们看到环境省的这个标准时）首先感到惊讶的是该标准中采用的单位不是微米而是毫米，其次使人吃惊的是上述数值自 1973 年（昭和四十八年）公布以来，30 年都没有修订过。如上所述，在 20 世纪 70 年代，人们几乎对细微的 SPM 一无所知，考虑的对象只是粒径比较大的"粉尘"，其后 SPM 的问题才开始引人注目，而该标准值根本没有涵盖细小 SPM（悬浮颗粒物）的问题。其证据在于上述标准值中没有涉及 SPM（悬浮颗粒物）的尺寸。

通常，如果设定的限制值及指标等位于较高水准，就意味着现实中的数值也处于较高水准。若将该标准值换算成微克，即如果每小时浓度的日平均值在 100 微克 / 立方米以下，且每小时浓度在 200 微克以下就没问题。此外，由于日本没有设定连续 24 小时的标准值，所以如果连续 24 小时排放 100 微克，24 小时的合计为 2400 微克。再按照规定中允许排放上限的每小时 190 微克来计算，24 小时为 4560 微克，从理论上讲这是在允许范围之内。将上述日本的数值与欧洲环保局的"参考值"❶ 相比，我们就会完全了解自己所处的现状。

---

❶ 前面提到过的欧盟环保局的《Pilot Report》（即飞行员气象报告），1993 年。

180 微克／立方米（TSP❶）/110 微克／立方米（可入肺颗粒物）……肺功能降低（儿童）

＊（低于 200 微克／立方米……根据日本的环境标准，为安全水准）

250 微克／立方米（烟雾状）……会使急性呼吸系统疾病增加（成人）

500 微克／立方米（烟雾状）……死亡率上升

1500 微克／立方米（烟雾状）……1952 年发生了伦敦烟雾事件

当（笔者）就此标准向环境省咨询时，得到了下述答复："日本标准值的单位与欧美不同是因为日本与欧美的大气状况不同。""之所以按当时的认识制定的标准一直维持到现在，是由于当时的状况至今没有变化。我们认为这个标准可以继续使用。"（根据 2004 年 4 月 12 日电话采访）

也就是说，日本在这 30 年里，对于 SPM（悬浮颗粒物）根本没有采取任何有实际效果的措施，而且现在也不想采取措施。这与作为日本产业支柱的废弃物处理企业一直靠排放大量 SPM 的焚烧炉来维持生存是有关系的。

东京都对柴油车采取限制措施

日本突然开始使用 PM、SPM 等术语是东京都对柴油车采取限制措施的缘故。恐怕有许多观众曾看到电视上东京都知事石原热心宣传柴油使用规定的情景，当时石原知事一边摇动着装有乌黑液体的塑料瓶子，一边说："一辆柴油车会排出这么多漆黑的煤烟！"东京都"先于国家"制定的这个限制措施不久带动了对机动车 NO_x 法的修订及排斥柴油车的运动，带来了汽车尾气处理装置的巨大需求。

日本曾经历了四日市公害及尼崎公害等严重的大气污染公害。从工厂及汽车排放的滚滚黑烟（大气污染）甚至创造出了"四日市哮喘"一词。但是，政府虽然以此为契机制定了《大气污染防止法》，却根本不承认公害病与大气污染的因果关系，对公害的存在也予以否定。对 SPM 也只是停留在制定环境标准上，并没有给相关标准赋予法律约束效力。《大气污染防止法》也没有将 SPM 纳入限制对象，公众不仅不知道 PM 及 SPM 有毒，甚至都不知道二者的存在。但由于东京都对柴油车采取限制措施的做法，等于在形式上批评了国家迟迟不制定相关政策，因此博得了媒体及公众的称赞。

---

❶　所谓 TSP 是 SPM 的总计。

但是，笔者对东京都的举动却觉得有些不舒服。首先我对至今因环境政策遭到众多非议的东京都在 SPM 问题上主动采取措施心存疑惑。此外，将普通公众几乎毫不知晓的 SPM（悬浮颗粒物）作为（造成大气污染的）原因物质提出来，把柴油车当作大气污染元凶开始进行限制，这种不讲科学的方式令人震惊。如果真正出于改善大气环境的目的，就不是采取"无柴油车战略"，而是从采用"无 SPM（悬浮颗粒物）战略"来开始（治理大气污染）。

确实，日本限制柴油车尾气排放是当务之急。因为在 DEP（Diesel Exhaust Particles，即柴油车尾气中的颗粒物，也称作黑烟）中有大量 PM2.5 及 PM1 等颗粒物，柴油燃烧后的气体中会含有许多有害物质和重金属。但是排放 SPM 的并不只是柴油车。作为移动污染源的大型船舶及飞机排放的 SPM 更多，工厂、发电厂、焚烧炉等也是大量排放 SPM（悬浮颗粒物）的源头。尤其是垃圾焚烧炉排放的废气，不仅 SPM 的含量非常高（参照第二章），还含有大量有害物质，并有助于生成二次 SPM（悬浮颗粒物）。因此，不把焚烧炉列为限制对象是错误的。

此外，如果东京都真的希望整体大气环境得到改善，就需要与国家一起考虑修订包含 SPM 标准的《大气污染防止法》及《废弃物处理法》〔但在该法规中，没有指明限制对象是 SPM（悬浮颗粒物），而是将其当作煤烟、粉尘来对待〕，并与公众一起研究具体对策。在此需要再次强调，大气是流动的。因此东京的大气不是特殊存在的，对苯、三氯乙烯、二氯乙烷等化学物质和挥发性有机化合物（VOCs）也需要早日制定限制规定。

然而，不论是东京都还是国家都不打算采取彻底治理 SPM（悬浮颗粒物）的措施。东京都通过一味限制公交车及卡车等大型"柴油车"，在预算中加上对安装尾气净化装置实施半价补助等做法，只是取悦了这些装置的生产企业。不知为什么政府并没有对《大气污染防止法》做任何修改，而只是把《机动车 NO_x 法》改成了《机动车 NO_x · PM 法》❶（即上述环境省的答复内容），同时今后政府打算制定 NO_x 和 SO_x 总量减排计划，并确定适用该法律的地区。

法律是所有国民应该遵守的社会准则，从法律应当以一般的、普遍的事物为对象这一不成文的规定来看，限定了地区和车辆种类的上述东京都的法律属于极其个别的例子❷。柴油车是在全国范围内行驶的，其排放的污染物质会通过

---

❶ 正式名称为《有关在特定地区减少机动车排放的氮氧化合物及颗粒物总量的特别措施法》，原机动车 NO_x 法于 1992 年制定，1993 年开始实施。
❷ 在限定区域的法律中有《古都保存法》。还有臭名昭著的《综合疗养地区整备法》也限定了地区，但诸如此类的限定地区的法律本应根据宪法第 95 条的规定征求居民意见和通过居民投票后制定。

大气扩散到日本全国。无论从哪方面考虑，政府早就应该修订《大气污染防止法》，明确采用与国外相当的 SPM（悬浮颗粒物）标准，但政府却强行修改并施行了《机动车 NO$_x$·PM 法》。现在有关 DEP（Diesel Exhaust Particle）净化装置的商业竞争已经告一段落，SPM（悬浮颗粒物）问题已不再引人注目。

被隐瞒的焚烧废气排放问题

前一段时间，（正如笔者所预料的）净化装置及"低公害车"生产厂家对大量的订单欣喜若狂，而许多无法筹措费用的中小运输公司被逼到了歇业甚至面临倒闭的境地，结果导致物流业务全都集中到大型运输公司。时至今天，当笔者在东京都网站上查阅东京都政府的相关动态时，发现对《机动车公害对策》中的《柴油车尾气排放对策》的项目中有如下表述：

"从都内（东京都）的氮氧化物（NO$_x$）及颗粒物（PM）的排放量来看，大多来自汽车尾气。其中大约有 70% 的氮氧化物及几乎所有的颗粒物都来自柴油汽车。尤其是我们已经知道柴油车排放的尾气中含有的 PM 具有致癌性，并与呼吸系统疾病、花粉症有关联。因此，为了保护公众的健康，制定柴油车尾气排放治理对策是当务之急。"

从上文看，似乎所有产生 PM 的原因都在柴油车，因此，人们很可能认为通过采取柴油车限制措施该问题已得到解决。但是，通过东京都的其他资料得知，根据《东京都机动车排放氮氧化物及机动车排放颗粒物总量减排计划（草案）》，2000 年度的 PM 排放总量为 6 110 吨，其中机动车为 3 180 吨，机动车以外的排放量为 2 930 吨，两者数量非常接近。东京都计划截至 2010 年，将机动车排放的 PM 减少 85%，即减至 470 吨，机动车之外的减排率为 7%，因此目标年度排放量应为 2 759 吨，这与现在的排放量没有什么变化。

单纯从数字上看，东京都显然不打算限制工厂及企业单位的 SPM（悬浮颗粒物）排放。以此看来，东京都采取的不是"PM 减排"而是"无柴油车战略"，这使人不禁怀疑东京都是否最初就不想对工厂及焚烧炉排放的 PM 采取措施。笔者制作了过去 10 年的东京都和国家的 SPM（悬浮颗粒物）对策年表，下面列举的是其中的部分内容。

1992 年：制定机动车 NO$_x$ 法（从 1993 年起执行）

1994 年：环境厅为制订 5 年计划，开始对"SPM（悬浮颗粒物）的综合对策"展开研究

1997 年：宣布要减少柴油车尾气排放，举办专家学者参加的《悬浮颗粒

物综合对策研讨会》（会议主席：芳住邦雄，共立女子大学教授），开始调查、研讨

1998 年：对大气污染防止法施行规则做了部分修改，修改并强化了焚烧炉的粉尘排放标准，中央环境审议会对要求加强减排柴油车尾气作出答复

1999 年 6 月：提交上述研讨会报告书（虽然在新闻发布会上公布了，但报告书内容未被公开）

1999 年 8 月：东京都开始实施《无柴油车战略》（截止到 2000 年 8 月）

2000 年 1 月：大阪地方法院在对尼崎公害诉讼的判决中认定了因 SPM 造成的健康危害，是首例认定 SPM 健康危害的案例

2000 年 3 月：日本汽车工业会和石油联盟联合发表积极采取柴油车对策的方针

2000 年 11 月：名古屋市南部公害诉讼的判决是命令国家禁止 SPM（悬浮颗粒物）排放

2000 年 12 月：东京都公布了包括严格尾气排放标准的环保条例，规定柴油车要安装 PM 净化装置

2001 年 6 月 27 日：修订汽车 NO_x 法，实施汽车 $NO_x \cdot PM$ 法，实行限制汽车类型

2001 年：内阁会议通过了汽车 NO_x、PM 法的总量减排基本方针

2003 年 7 月：中央环境审议会第七次报告中添加了掌握 PM、臭氧（O_3）相关状况必要性的内容

2003 年 9 月：中央环境审议会的大气分部第一次召开有关 VOC（挥发性有机化合物）的研讨会

2003 年 12 月：发表 VOC（挥发性有机化合物）研讨会报告

据说东京都制定柴油车限制规定的起因是 2000 年 1 月和 11 月的有关公害诉讼的地方法院判决。的确，上述两次判决中法院认定 SPM（悬浮颗粒物）危害和责令国家禁止排放 SPM（悬浮颗粒物）的判决具有划时代的意义，但尼崎诉讼的原告团在公布判决书的大约一年之前就与企业达成了和解，当时国家"败诉"几乎已成定局。东京都公布《环境保护条例》是在 2000 年 12 月，实施《无柴油车战略》则早在 1999 年 8 月。这说明东京都在法院判决之前已经开始准备制订上述条例和战略。

在东京都开始实施柴油车战略的两个月前，曾有一份重要的报告书出台。这就是环境省在 1997 年成立的《悬浮颗粒物综合对策研讨会》花费 3 年时间编辑的报告书。在日本全国有 1526 个普通环境大气监测点和 250 个汽车尾气

排放监测点，其测定值显示环境标准达标率非常低（1997 年达到 SPM 标准的监测点分别仅为 62% 和 27%），环境省委托外部专家开展了为制定 SPM 综合对策的调查研究。该报告书对 SPM 的现状、产生的机理及存在的问题作了详细的调查，归纳出下述结果：

——关于 SPM（悬浮颗粒物）浓度，与关西地区相比关东地区的浓度要高 20% 左右。

——人为来源和自然来源所占比率，上述两地区均为人为的比率高，为 70%～76%。

——工厂、企事业单位和汽车所占比率，关东地区分别为 29%、35%，关西地区为 21%、41%。两地区均为汽车排放的比率偏高。

——一次颗粒物和形成二次颗粒物的比率，汽车为 2：1，而工厂和企事业单位的比率为 1：3 至 1：5，后者形成二次颗粒物的比率极高，需要制定减排对策。

——在冷凝性粉尘中所占比率，所有工厂及企事业单位为 7% 左右。

——工厂、企事业单位和汽车所占比率，关东地区分别为 35% 和 21%，关西地区为 27%、24%。通过加强柴油车尾气减排和以往的减排对策，两地区的工厂及企事业单位所占比率相对增加了。

——为了实现减排目标，除了继续实施以往的减排措施外，还需要以工厂及企事业单位为主降低排放浓度，在关东地区大概需要降低 50%，关西地区需要降低 10%～20%。

——今后需要全面有效地推进下述减排措施：

（1）扎实地推进已有的措施（废弃物焚烧炉的粉尘排放规定、柴油车尾气排放规定等）

（2）加强对工厂及企事业单位的限制等（加强焚烧炉等产生烟尘设施的排放规定、促进使用优质燃料、加强对小型焚烧炉等的限制）

（3）研讨通过修订制度来制定新的限制措施（探讨控制 SPM 总量及碳化氢类物质的排放）

（4）此外，对于局部地区，可采取措施控制交通量及减少道路扬尘

——对形成 SPM 的先导物质进行调查研讨

——调查碳化氢类物质的实际排放情况，研究有时效性的控制方法

——开展有关改善燃料品质及性状的分析研究

——研究在大城市对 SPM 实行总量控制

——确立 PM2.5 检测方法，调查其对健康的影响及排放状况，研究修改

环境标准

SPM 的来源及浓度比率（平成六年年度关东所有检测点的平均比率）

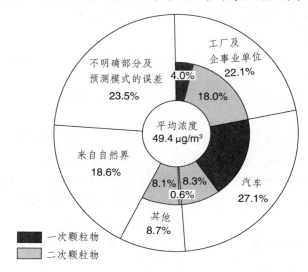

上图中内侧的圆形表示的是产生一次颗粒物和二次颗粒物的比率。由此看出，工厂及企事业单位排放的废气形成的二次颗粒物的比率比汽车的高。以硫酸盐、硝酸盐、氯化物为来源的二次颗粒物的颗粒非常小，会给人们健康带来巨大的恶劣影响。仅看普通监测点的数据，关东地区的 SPM 来源比率中工厂及企事业单位占 32%、汽车占 30%。此外还需要注意有许多 SPM 来源不明。

出处：《环境省悬浮颗粒物综合措施研讨会报告书》（1999 年）

该报告书内容广泛而深入，其中提出不仅要对汽车等"移动的污染源"，也要对工厂及焚烧炉等"固定污染源"实行控制措施，还要采取总量控制。尤其是焚烧炉作为固定污染源产生的 SPM 的比率最大（占 32% ～ 35%），还提到了来自工厂的二次生成颗粒物比率比较高（请参照上文圆形统计图表）。然而实际上该报告书完全被忽视掉了，甚至没有被公布。本来这个研讨会的调查内容由中央环境审议会的大气分部来处理比较合适，其结果应体现到立法（《大气污染防止法》）中，可是环境省将这个重要的议题托付给非法定的研讨会全权处理，连会议记录也没留下。❶

---

❶ 当时负责这个研讨会的大气保全局大气限制课的饭岛课长，此后立即负责制定二噁英指导方针（垃圾处理大区域化计划）的工作。

1997 年这一年是日本发出《二噁英指导方针》通告，开始走上无法后退的垃圾全部焚烧处理之路的年头。由于这种做法违背《防止全球变暖公约》及《POPs 公约》，日本必然要向国际社会宣传正在努力减少温室气体及大气污染物质的排放，所以就需要隐瞒实际情况。在这种形势下，被选中的是汽车交通集中，大气质量也最差的东京都。由于东京都知名度较高，仅减排柴油 SPM 就会起到相当大的"减排"宣传效果。

这对东京都来讲也是件好事，可成为东京都重新评估环境政策的机会，可以隐瞒正在进行中的废弃物行政管理的实际状况。当时，东京都解散了以前的清扫局，成立了"一部事务组合" ❶（放弃了设立大区域联合会），将东京分成了几个区域，在各区域同时开始兴建大型气化熔融炉。到了这些垃圾焚烧炉一起开始运行的 2010 年，从焚烧炉排放到大气中的 SPM 将达到相当大的数量。东京都的焚烧设施的处理能力早已超过普通废弃物总量，垃圾不够就用焚烧工业废弃物来补缺，估计东京都是打算用柴油车减排来抵消今后继续增加的焚烧炉排放的大气污染物的排放量。但是，与其对几万辆汽车进行限制，不如对大型的焚烧炉及工厂和大型船舶进行限制，其效果要大得多。

"据说英国每年有两万人因汽车污染患心脏病而死亡，但据美国 EPA 的调查，仅一处石油精炼工厂排放的挥发性有机物质（VOCs）就相当于 500 万汽车的排放量。以混合废弃物为燃料的工厂的作业车辆及开放式焚烧处理的排放量远远超过了汽车尾气（被政府认为是 SPM 的最大污染源）的排放量" ❷

在柴油车限制步入正轨的 2003 年 7 月，环境省终于让中央环境审议会的大气分部审议 SPM 问题。但是，其会议的名称却是叫作"挥发性有机物质（VOCs）控制排放研讨会"，没有"SPM"一词。研讨会在成立 5 个月后的 2003 年 12 月提交了研讨结果报告，认为"光化学氧化剂含量与 70 年代初期为同一水平（环境质量恶劣程度）"，"挥发性有机化合物（VOC）的来源比率，有 90% 源自固定污染源，有 10% 来自汽车等移动污染源"，建议制定法律法规限制工厂的废气排放。上述结果表明国家的审议会已经明确承认大气污染中固定污染源的比率非常高。但是，如果这份报告书不对普通公众公开，也很可能与 SPM 研讨会的报告一样被束之高阁。

悬浮颗粒物（SPM）给不断制造非自然界存在物质的人类重重地敲响了警

---

❶　即各行政区对一部分行政工作实施共同管理的联合会，相当于环卫局——译者注
❷　出处同第 132 页注 ❶，摘自 Steenis 的论文。

钟。毋庸置疑，如今日本企业在积极开发的终极显微技术的"纳米技术"也隐藏着相同的危险性。正如前文所述，在悬浮颗粒物（SPM）的世界里也开始出现纳米级单位的颗粒了。

第七章

替代方案（alternative）
——"非焚烧垃圾处理"

只要有人反对焚烧垃圾，我们就常常会听到有人说虽然知道垃圾焚烧处理有危险，但是除了"焚烧处理"之外还有别的垃圾处理方法吗？在国土狭小的日本不只有焚烧方式吗……这些人以这种知错犯错是不得已而为之的理论来为焚烧处理辩护。为了做到非焚烧垃圾处理，最重要的是"不产生"垃圾，"不排放"垃圾。但是，涉及垃圾处理时，人们几乎总是讨论哪样的焚烧炉安全，可以修建什么样的设施，绝不会讨论具体的垃圾减排措施。如果有靠"焚烧"生存的"相关人员"参加进来的话，话题更会被扯到技术方面去。

如果要认真考虑垃圾减排的问题，不能召集厂家、咨询公司、有学识有经验的人来讨论研究。因为政府的基本方针是大区域、新型焚烧炉和发电资源等，政府只给上述设施的扩充整备提供预算，专家不可能提出背离政府方针的选择方案。

但是，比起那些没有充分依据的焚烧技术，各地区通过点点滴滴的努力，找到不少行之有效的做法。许多明智的地方政府已开始采取各种垃圾减排政策，像容器押金方式、垃圾堆肥、循环利用的物品及有机垃圾的集中回收等。可以说这都是迈向"非焚烧垃圾处理"的第一步。这些做法都已经取得了一定的成效，还有许多市、町、村就在学习这些做法。

以"彻底分类"为基本原则的这些垃圾处理措施，实际上早在30多年前在全国各地已成为理所应当的做法。然而，之后的生活发生了巨大的变化，加上廉价塑料产品的泛滥，政府已经忘记了那段历史，公众对排放垃圾的抵触感已经麻痹，似乎是被"消费（＝废弃）是一种美德"这一说法所迷惑。

要实现"垃圾不焚烧处理"，必须返回到其"出发点"。

"不焚烧的垃圾处理方式"是完全可以实现的。如果不局限于普通废弃物，并在市、町、村的小范围内能得到公众的协助，再能有充分的时间做准备，是有可能的。但最重要的条件是要没有国家及县政府、企业的干涉。

本章将介绍有关非焚烧垃圾处理的各种想法及实际采取的解决措施。并以具体的非焚烧的垃圾处理计划为例，介绍笔者等人向神奈川县和神奈川县所属的市街村提出的《市民替代方案》。

1. "非焚烧垃圾处理"——需要具备什么条件？

具备一定知识、了解实际情况

首先是市、町、村的政府职员和居民要具备有关垃圾处理的"法律知识"，然后是抱有"非焚烧垃圾处理可以做到"的认识和信念。❶

地方政府和当地居民都有处理普通废弃物的权限，这是法律（《宪法》《地方自治法》《废弃物处理法》）规定的，国家及县政府不能侵犯这个权利。而有些地方政府（如三重县和岛根县）忘记了地方政府是可以做到的，忘记了自己的法律权限，一切依照国家、县政府和企业的要求，盲目上马大区域、气化熔融炉和 RDF 发电厂项目，导致设施的事故及失败而陷入窘境。因为垃圾处理是市、町、村的"自治事务"，所以国家对于市町村的命令、指令都违反《宪法》规定。反之，地方政府制定吸取居民意见的垃圾处理计划才是符合法律规定的，因此居民应该伸张自己参与制定垃圾处理计划的"权利"。

按照国家的要求进行垃圾处理的费用比较昂贵，会导致市、町、村的财政状况恶化。由于生产厂家按照国家补助资金限额决定焚烧炉设备价格（国家补助资金的 1/4 ~ 1/2），其费用设定偏高，有时是实际价格的 4 ~ 5 倍（请参照第一章内容）。与行业特有的"私下约定"的习惯并存的补助金制度，就这样养肥了这些焚烧炉制造厂家及该行业。由于如此"高价委托经营"方式涉及管理运营及维修维护、试剂费等所有相关的工作，所以承接经费补助项目只能使地方政府的财政状况愈加困难。无论什么项目，对于无补助金的地方政府自己实施的项目，承包公司都会按照实际价格来协商，政府的订购价格都可以远远低于咨询公司、国家及县政府参与的资金补助项目的价格。

发挥公众的力量

其次需要做的是建立所有居民都能积极参与的体系。要根本改变以企业和设施为主体的"焚烧"型垃圾处理方式，最简捷的方法就是发挥公众的力量，提高公众的意识，使公众成为垃圾处理的主角。垃圾来自日常的生活，毫无疑

---

❶ 详细内容请参照拙著《垃圾处理大区域计划》，筑地书馆出版，2000 年。

问是公众的事情。如果政府不让其当事人的公众参与，继续像以前那样，只以企业及有知识有经验的人为对象，将无法得到公众的协助。实际上，有不少公众愿意参与垃圾问题，对垃圾处理感兴趣，有参与的热忱，政府除了发挥公众的潜力外别无选择。

但是，无论公众多么有热忱，大多数人并不十分了解垃圾问题的实际情况。调动公众被埋没的力量是市、町、村职员以及从事垃圾处理的职员应做的事情。政府部门职员应当先从"培训"及集体讨论会等开始，即使只是极少数公众也要让他们知道实际情况，并理解"垃圾非焚烧处理"的目的，当公众理解了行动的目的和必要性，其活动规模一定会扩大。

如果充分利用《废弃物处理法》中关于《促进垃圾减排委员会》的规定，即使不制定新的条例，也可以建立以公众为主的活动核心机构。但是，如果将政府管理人员及议员安排其中，反而容易产生纠纷，对此需留意。

此外，不要把活动对象扩大到产业废弃物及非法丢弃等方面。对"垃圾非焚烧处理"本应将其作为囊括各种政策的战略来考虑，但应面对现有"焚烧炉"这一现实，从普通废弃物着手，这也是公众力所能及的。因为对普通废弃物的处理也是《废弃物处理法》中对市、町、村认可的权限。如果市民能够将开展活动的对象精简一下，充分发挥受法律保护的权限，就可以有效反对目前国家及县政府推行的垃圾处理私营化及指定管理者制度，以保护市、町、村（自治权），进而可以维护居民主权和民主主义。参与垃圾处理问题将成为公众重新认识民主主义的良好时机。

EPR（Extended Producer Responsibility）＝生产者责任延伸制度

实现"垃圾非焚烧处理"的最简单、最根本的途径是由国家制定"生产限制"及"排放限制"的法律开始，制定国家的"阶段性禁止焚烧处理"政策。现在政府的政策是一种末端管理政策，即对生产放任自流，而在消费和废弃阶段，就进行焚烧处理，其处理费用只让消费者负担。这是不合逻辑的。这种政策无论在环境方面还是经济方面，将来都会给整个日本社会带来沉重的负担。重要的是必须要认识到企业及制造者的生产者责任，摈弃垃圾处理属于"消费者责任"的错误想法。

尤其是对于产业废弃物需要尽快制定有效的、彻底的和综合性的限制规定，但在企业家强力支配的世界经济中，很难如愿以偿。市、町、村政府至今仍然在国家"生产经营类普通废弃物"的名义下，被强迫承担产业废弃物处理，但这是不正常的，因此市、町、村应当明确表明垃圾处理的责任应由生产者承担，否则今后国家有可能进一步加强推进取消普通废弃物和产业废弃物的分类。作为纳税人、作为地球公民，理所当然有权利要求产业界不要只重视成本而要重视环境，不要无责任体制而是要负责任的生产。肩负居民的托付负责地区行政管理的市、町、村也应与居民一起要求国家和企业采取切实可行的措施，这是地方政府受法律保护的权利。

上述要求的基本想法就是实施"生产者责任延伸制度"（PER，Extended Producer's Responsibility）。该制度规定，为实现"可持续发展的社会"，企业有义务从采购原材料开始，到消费使用直至废弃的产品整个生命周期的所有阶段，把给环境带来的影响减少到最小限度，这个制度与清洁生产一样，是基于同样的观点。EPR 是消灭非法丢弃废弃物的最好的、合理的方法，目前有许多发达国家已实行了该制度。

欧盟根据 EPR 概念制定的有关家电及电子产品等的制度已经生效，采用 EPR 制度的企业在从生产到废弃回收处理的全过程中，必须做到控制产生垃圾、简化容器及包装材料、合理运输等，在不增加环境负担的前提下进行产品设计和选取材料。当然"出口废弃物""出口公害"也是绝对不允许的。此外，还必须做到信息公开。

"Zero Waste（零废弃）"及"清洁生产"这些理念在欧美的公众运动中已经普及。❶ 按照 EPR 制度，原则上回收处理费用不是由消费者而是由企业自己承担，在产品成本中已包括该费用，所以不能额外征收处理费用。而日本的家电循环利用法采取的是在废弃回收时向消费者收取费用的形式，所以无法防止大企业强迫承包商去处理，以及政府委托进行垃圾处理的公司非法丢弃垃圾的现象。当然也就有人因不愿意支付处理费用，偷偷地把电视及电冰箱丢弃到山林里。

目前，处理非法丢弃垃圾的工作大多被强加给市、町、村政府。如果国家要提供补助，其费用全部来自税款，生产企业不负担费用。如果将处理费用包含在产品价格里，生产企业就有义务（这是理所当然的）负责产品的废弃处理，非法丢弃的费用也应向企业征收。现在应该是日本的市、町、村要求环境省、经济产业省制定具有时效性的 EPR 相关法律的时候了。

---

❶ 现在（包括日本的）企业也使用这个词语，与《环境报告书》同样，全是用于企业宣传。

回收方式

在 EPR 制度中最容易理解的方式之一是把销售的产品返还给生产者或者销售商的"回收方式"。消费者购买的产品发生了故障，一定会送到购买的商店里。最清楚故障原因及修理方法的是销售商以及生产厂家，因为产品是附带保修条件的。因此，当购买的产品损坏需要废弃的时候，让对产品毫不知晓的地方政府来回收是很不合理的。

以汽车为例，报废的汽车长期以来一直被当作普通废弃物来处理。对于生产厂家来说没有回收义务，而对汽车根本不了解的地方政府却有义务处理以普通废弃物名义淘汰的报废汽车（实际上，因为有购新车时回购旧车的方式，还有产业废弃物处理公司的介入，报废车几乎不会被当作普通废弃物淘汰。

通过购买时登记的车牌号，汽车是可以全程管理的商品。因为无论哪个厂家在日本全国各地都有代理店网点，有已确定的流通渠道，所以报废时通过相同的渠道返还厂家是最合理的做法，还可以减少环境负担。类似的情况不仅有四大家电，电脑、手机也可如此照搬。另外，日常用品、塑料容器也可以如法炮制。

此外，不仅是生产者，销售者也应该承担回收义务。产品是从工厂通过中间商、仓库、流通批发基地、经销店（百货商场、超市、大型经销店、家电商店、个体商店等）这些固定的渠道进行流通的，反过来利用流通渠道回收报废产品的体制是最简单的，并且花很少的成本就可以做到。由于在日本有许多企业建立了特许经营体制，企业之间合作密切，所以这种模式对消费者来说非常方便。

此外，这种方式也会降低目前地方政府"大范围运输"产业废弃物的处理费用，同也可有效减少地方政府回收垃圾的巨额费用。

在国外，亚洲地区正在开展回收空塑料瓶活动。此外，美国也有一些企业开始接受民间团体的回收旧电脑方式。❶

押金方式

在购买酒类的时候，对于一升装的白酒瓶及啤酒瓶附加一定的费用作为押金，在退瓶时返还押金，这种方式从前是理所当然的事情。但是，当轻便、不

---

❶ 戴尔电脑公司及惠普公司等。

易碎、用完就扔的一次性容器出现之后，（玻璃）瓶类的容器就被赶到了犄角旮旯。与此同时，人们改变了珍惜东西的习惯，大量的塑料垃圾被丢弃，这些垃圾充斥了垃圾填埋场。这些塑料容器在购买时只是容器而已，但考虑一下其处理成本的话，其费用要远远超过玻璃容器，并且还是危险的白色垃圾。考虑到塑料容器造成的环境污染的危险，相关部门应对其生产和使用毫不犹豫地采取一定的限制措施。

其实，押金方式可以作为限制措施的工具使用。饮料容器与家电产品不同，难以再回到经销店，需要高额费用才能回收。政府制定《容器包装法》，让既不是塑料瓶生产者也不是销售者的市、町、村制定回收计划和义务回收是为了减轻企业的负担。在该法律实施后，塑料瓶的生产量陡然增加，由此可见这是多么愚蠢的法律。而且，从前没有的小塑料瓶也开始流通了。因为知道政府会帮助善后的，所以企业可以放心大胆地增加塑料瓶的生产。

不仅是玻璃瓶，如果塑料瓶也采用押金方式，容器的回收率肯定会大幅度提高。因为容器一旦有"兑换现金的性质"，就可以防止其逸散。如果将押金设定得高一些，零散的垃圾也许会骤然减少。目前回收的塑料瓶除了向海外输出（主要向中国出口），以及部分当作原料利用外，几乎都被送到水泥厂、高炉厂或垃圾焚烧炉，以循环利用（Thermal Recycle，即热能再利用）的名义焚烧掉，污染了环境。塑料产品的碎片（flake）在环境中给野生动物也造成了严重影响，今后即使能用作原料（bottle to bottle, 循环利用），我们也不能容忍塑料产品如此泛滥。

在德国，除了车站及机场以外，在街上几乎看不见出售塑料瓶装饮料的商店。当向弗莱堡市的环境行政负责人打听缘由时得知，"那是因为公众希望用玻璃瓶容器。我想这是不能改变的。"● 日本的消费者也不是愿意购买将成为垃圾的东西。但是日本的饮料厂家、容器厂家认为"消费者希望用塑料瓶"，"玻璃瓶太重"，并不打算今后减少塑料瓶生产。既然如此，企业就应该自己负担所有的处理费用。地方政府应向企业和政府建议采用塑料瓶押金方式，或使用其他安全容器，并应该主张根据 EPR 制度重新修订现行法律。

● 这位负责人说："热选择方式焚烧炉是最差劲的。"（2001 年）

限制塑料购物袋使用令

购物袋（塑料袋）不仅是象征现代人一次性使用的文化，作为导致环境恶化的主要原因在国外已成为环保运动的对象。2003 年，很多亚洲国家和地区都采取了许多限制生产及禁止使用的措施。

比如在台湾的台北，从 2003 年 1 月起禁止使用超市的塑料购物袋。此外，餐厅及超市、便利店使用塑料托盘时，有义务向顾客收取使用费。该限塑令是在台湾"环保署"的垃圾减排 30% 的环保计划基础上制定的相关政策，同时反对焚烧炉建设的全地区性组织台湾反焚烧联盟（TAIA❶）也成立并开展了轰轰烈烈的反对运动，该运动今后将会扩大到其他城市。

印度的喀拉拉邦也发布了限塑令，禁止使用、销售 100 微米以下的超薄塑料购物袋及其他塑料袋。这是因为仅印度首都每天排放的塑料废弃物就有 13 吨，印度的塑料购物袋的年消费量超过 1 亿 6 千万个，塑料制品成为危害人们生活的因素。限塑令是根据居民及天然容器制造者的要求制定的，因此今后天然原料的容器将会成为包装容器的主流。

此外尼泊尔西部的马享德拉那加市（Mahendranagar）也制定了全面禁止塑料袋的制作、流通和使用的条例。虽然制造厂家以不服从该禁令为由向法院起诉，但 2003 年 5 月 11 日，尼泊尔最高法院判决该市有保护环境的义务，支持该市的决定。❷

除此之外，还有许多地区的政府都发布了制止无限制使用购物袋的法令。在日本，有些超市采用收费购物袋，或者对自带购物袋的顾客提供一些优惠。但是，目前还没有根本不使用购物袋的商店。另外，据我所知日本还没有地方政府禁止使用购物袋。❸

对于购物袋来说，"禁止"和"收费"的差别非常大，收费方式没有什么意义。但如果禁止使用购物袋，其会成为迫使人们重新考虑消费现状的重要契机。在日本的普通家庭里平均有多少个购物袋呢？能不能制定对只能当作垃圾焚烧掉的东西反感的制度？能否进一步鼓励人们恢复使用从前用过的"购物筐"以及带"自用购物袋"购物呢？为了消灭积存的塑料托盘，能否自带容器去购物？究竟人们对容器有什么样的需求？

---

❶ Taiwan Anti Incineration Alliance（台湾反焚烧联盟）。
❷ http://www.Ram Charitra Sah/Staff Scientist/PRO PUBLIC/Nepal.
❸ 地方政府为购物袋收缴的税金，即东京都杉并区收取的环境目的税不属于 EPR 范围。

2．致力于垃圾不焚烧处理的地区的人们

拒绝焚烧炉的推销，着手进行非焚烧处理需要巨大的勇气。但是，如果人们知道不闯过难关就没有前途，就必须采取行动。在闯过难关时，处于相同立场的市、町、村的"成功案例"是非常值得借鉴的。

幸运的是世界上有许多垃圾减排的成功案例。但是，这里说的"减排"归根到底是填埋处理量，而不是焚烧量（请再次回忆一下只有日本采用以焚烧处理为主的垃圾处理方式）。发达国家采取的措施中比较著名的有美国加利福尼亚州阿拉米达县的《焚烧禁令》❶ 及新西兰的《零废弃战略》。但是，日本不可能从焚烧处理为主一步跨越到颁布焚烧禁令。而新西兰连一座普通废弃物焚烧炉都没有，所以不太好借鉴。因此，在此以其邻国澳大利亚为例作个介绍。

垃圾零排放政策（Act No Waste）——堪培拉的零废弃战略

澳大利亚的首都堪培拉市是世界上首个发布零废弃政策的城市。在1996年堪培拉市公布了"到2010年实现垃圾零排放"的《零废弃政策（为实现垃圾零排放行动起来）》❷。这是世界上首个以首都所有居民为对象制定的垃圾政策。该市在其网站的主页自豪地刊登了这样的内容："虽然有些雄心勃勃，但是通过全体市民的统一认识、共同努力、积极参与，到2010年可以实现垃圾零排放。"关于具体做法以及手法，1996年公布的《远景规划》中列举了当地居民（社区）应采取的行动方案。具体内容如下：

——要求生产者对产品从生产、使用到产品的生命周期结束的过程中，以及对销售确实不成为垃圾的产品负责。

——为避免产生垃圾，营造开发创新型解决方法的良好环境。

——仅购买必要的东西。无论是建筑材料还是食品，如果与买方一起提高生产效率，可以避免产生垃圾。

——创造低成本的资源循环方法，然后做到材料循环使用，或者再加工成各种产品。

——建立处理废弃材料的产业。

---

❶ 通过拙著《垃圾处理大区域计划》介绍过。

❷ http://www.nowaste.act.gov.au/strategy/implementingthenowastestrategy.html，"ACT" 是（Australia Capital Territory）的开头的大写字母，也是借用了 ACT 的意思。

——在堪培拉地区增加资源循环利用的机会。

——对实现减少垃圾的目标应有自豪感，在实现远景目标的主要因素中加上环境教育的内容。

当初提出"零废弃"方案的堪培拉（ACT）政府的战略是一个囊括了 EPR 制度、抑制源头的垃圾数量、重新审视购物行为等内容，是一个从扩大资源循环利用机会到相关教育的综合性战略。不过，堪培拉政府当初制定这项法案时有意未涵盖人口稠密的堪培拉市中心地区。相关解决措施的内容的确丰富多彩，在此仅介绍该方案的概要。

概要

在自然生态系统中，经过使用阶段的废弃物成为下一个阶段的资源，以此来保持生态系统的平衡。在这个系统中不存在垃圾。在消费社会里，垃圾被看成生活的一个组成部分。要改变这种社会潮流，我们就需要建立不给下一代人留下负面遗产的战略。

堪培拉市的垃圾管理战略是针对澳大利亚首都地区的垃圾处理，为确定远景和未来的方向而制定的。垃圾管理战略是经过与社区反复协商讨论而得到的结果，反映了该市到 2010 年为止要实现零废弃社会的强烈愿望。

如果改进现有的《垃圾处理法》，可以带来创新型的商机，可增加相当多的就业机会，同时堪培拉市可以构建可持续性资源管理的中心地位。

在该战略中还列出了为建立可持续发展资源管理框架和实现零废弃社会目标所需要的各种行动。

地区居民的参与（社区承诺）

要使制定的战略取得成功，与如何让当地居民接受这个战略和承担义务有很大关系。为了引起社区的关注，提供信息和建立意见反馈机制十分重要。此外，对成功减排垃圾的地区给予认可和评价也是必要的。

抑制垃圾的产生和减排（Avoidance 和 Reduction）

首先需要制作垃圾清单（Inventory）。居民可根据清单知道产生了哪些垃圾，哪些垃圾可以循环利用。在其清单中应包括数量、质量以及处理成本。这时才开始形成了标准，并可以对效率进行监测。

在个人购物时，应为减少垃圾而作出正确的判断。为了让公众养成聪明购物的习惯，将准备特别的培训计划。

为使 ACT（堪培拉）地区的企业在生产过程中减少废气排放和副产品，

要采取清洁生产方式。政府与在实施该政策的 ACT（堪培拉）地区（堪培拉）的企业之间，应就环保生产方式和减排垃圾协定进行协商。在第一个阶段，要求各行业为改善环境效率对废弃物进行监察，将来也许需要实施强制性的废弃物监察。

资源循环利用（Resource Recovery）

为了加快资源回收，需要维修相关设施。如果确保垃圾分类及加工等可进行资源循环利用的地区，会有利于解决许多废弃物问题和确保就业机会。教育中心及工厂、中小企业也准备入驻上述地区。

与此同时，还可以建立资源交换网络，通过该网络将某个生产过程中废弃的东西与其他产业需要的资源进行交换。该网络会促进循环商品的市场交易，并提供原料货源数据的集中式数据库，显示循环利用的可能性。

剩余垃圾的管理

在推进最佳的垃圾处理方式时，为了最大限度地进行资源循环利用，需要开发安全的、有环境责任的系统，实现循环利用和垃圾处理设施的合理化，对垃圾填埋场进行重新设计。

关于填埋处理费用，需要考虑处理时的所有环境成本后再来确定，以便推进资源循环利用。

创造性的解决方法

为了获得最大限度进行资源循环利用的创新型解决方法，研究开发将发挥主要作用。这些研究开发要与可持续资源循环利用新市场的认知、开发、推进共同展开。为了给垃圾管理决策施加影响，需要建立政府、产业界与社区间的联系，而为开发新的垃圾管理方法需要建立产业界与研究机构之间的联系。这些都必须在地区层次上进行。

这个战略是为推动资源管理的综合战略性研究而制定的。这个研究将《National Capital Beyond 2000 战略计划》的可持续开发的原则、新南威尔士州的垃圾最少化法案与《堪培拉及周围地区的计划战略》结合在一起，通过"区域领导人论坛"推动区域的垃圾战略发展。

堪培拉市（ACT）之所以制定垃圾战略，其背景是垃圾处理量不断增加和处理费用飙升。成为其转折点的是在里约热内卢的全球峰会上提出的著名的"可持续发展"的概念。为此，堪培拉（ACT）政府用大字体制作了既简明浅显又喜闻乐见的主页，其中刊登了用蚯蚓制作堆肥的新闻报道以及市民培训课程等许多令人感兴趣的活动。

就这样，1993～2002 年，堪培拉（ACT）的居民没靠垃圾焚烧炉处理就实现了垃圾减排 69% 的目标。

发展中国家的"非焚烧"垃圾处理

在发展中国家，非焚烧垃圾处理与当地贫穷百姓的"生存权利"息息相关。在亚洲及非洲的许多国家，焚烧炉不适合当地的状况及当地居民的需求，甚至会抢走他们的工作岗位。

例如，在人口 430 万的印度钦奈市，每天排放的垃圾为 3500 吨，该市只能回收其中的 2500 吨，剩下的大约 30% 的垃圾被丢弃在路上及住宅周围。

因此，该市准备采用发达国家推销的气化焚烧炉，以民营化的方式进行垃圾处理，但是把处理业务委托给以该市为基地在印度全国范围进行循环利用的垃圾分类收集及有机物废弃物发酵罐处理的 NGO 组织 Exnora International，该组织有能力处理掉 90% 的垃圾。该 NGO 通过采取多种方案组合，处理费用远远低于焚烧处理，并在不污染环境的条件下成功地实现了垃圾减排。而"焚烧炉 + 民营化"方案使这个 NGO 濒临危险的境地。

在印度等许多发展中国家，肩负"非焚烧"垃圾处理业务的是被称之为"非官方群体"的最贫困阶层。在社区、环保组织和企业等与这些群体的活动配合默契的地区，不仅垃圾回收及处理工作进展顺利，还可使这些群体因此获益而自食其力。让我们来看看全球焚烧替代联盟 GAIA（Global Alliance for Incineration Alternatives/Global Anti-Incineration Alliance）资料中的成功实例❶。

*埃及：开罗

被称作"扎巴林（Zabbaleen）"的非官方群体一年回收开罗市三分之一的生活垃圾，数量为 998 400 吨。扎巴林住在开罗市周围的 5 个地区，回收的垃圾有 80%～90% 进行循环利用，或者作为堆肥处理。在其中一个地区莫卡塔姆（Mokattam）聚集了 7000 家垃圾回收公司、80 个经纪人、228 家小规模循环利用公司。

*印度：孟买（原名 Bombay）

孟买的市民成立了叫作 ALM（Advanced Locality Management）的工会，

---

❶　http://www.no-burn.org 'Resource un in Flame's.

各自开展保持环境卫生的活动，将垃圾按堆肥用的有机资源垃圾和循环利用用的非有机垃圾进行分类。许多 ALM 把有机物用 Vermicompost（蚯蚓堆肥装置）来处理，其他的与回收垃圾公司合作进行循环利用。ALM 的数量已达到大约 650 家，参加的市民大约有 30 万人。

　　*菲律宾：San Valle 村

　　该村将近 3000 户家庭参加了循环利用和垃圾堆肥项目，大约 70% 的生活垃圾得到了有效利用。每天"Bio Man"用人力三轮车回收在各家已经分类的堆肥用有机物垃圾（生活垃圾和庭院垃圾）。相同的人力三轮车还会来回收已分类的用于循环利用的垃圾。他们把收集到的这些垃圾运到附近的"Eco Shed"，在那里会有人对垃圾进行更细致的分类，然后包装。经过这样处理的东西，直接通过废品公司及"旧货商店（JUNK SHOP）"等经销商销售。

　　*巴西：里约热内卢

　　2000 年里约热内卢州制定了一项容器回收责任的法律。根据该法，生产厂家等有义务回收所有的塑料容器，并对之进行再利用及循环利用。

　　像这样的零废弃（Zero Waste）运动，无论在发达国家还是在发展中国家都在进一步扩大，其国际性网络的联系越来越密切。该网络在世界各地展开了要求关闭和停止焚烧炉的活动，呼吁采用替代方案，实现清洁的世界。

3．日本：市民提出的《垃圾非焚烧处理》替代方案

　　神奈川县的 NGO "反对焚烧处理市民之会" ❶ 向神奈川县和县内各市町村提交了一份《非焚烧垃圾处理》的市民替代方案（2004 年 3 月）。该方案的主要内容是通过对 "有机资源" 进行彻底分类，减少垃圾数量，使垃圾处理向 "非焚烧垃圾处理" 的方向转型。虽然已经有许多地方政府着手将厨余垃圾转化为资源，但该方案没有停留在单纯 "垃圾减排" 上，而是从公众的角度出发，深入到在垃圾处理上如何实现地方自治。该方案的前半部分阐述了非焚烧垃圾处理计划的必要性，后半部分则提出了具体的 "试行方案"。

　　替代方案的前半部分，首先强调了垃圾焚烧的危险性，在计划的 "目的" 里写明 "应停止垃圾焚烧处理"。如果不这样做，居民难以清楚地理解垃圾减排的必要性。其次，明确了公众对于垃圾处理拥有法律赋予的权利。其目的在于让公众认识到政府制定的以焚烧炉设备维护为中心的垃圾处理政策侵犯了法律赋予公众的权利。其三，阐述了都道府县及市、町、村有关垃圾处理的义务。对于地方政府来说，有义务听取居民的意见，并将意见体现在决策中，这才是地方政府应做的工作，才叫作真正的地方分权。其四，指出了垃圾处理的大区域化及民营化存在的危险性。大区域化及民营化是与中央集权有直接联系的，会导致污染扩大、垃圾排放量增加。与 "中央集权" 相反的 "地区主义" 才是解决垃圾问题的必经之路。其五，指出了在日本人们几乎没有意识到的法律赋予纳税人的权利。如果公众能够掌握法律知识，了解并善于行使自己的法律权利，就可以拒绝大区域垃圾处理、垃圾处理民营化及气化熔融炉。因此，该方案最后指出，最重要的是应对市民进行培训——"让他们知道具体情况" ❷。

　　该《试行方案》也是本书内容的归纳总结，对于打算重新审视致力于垃圾

----

❶　是 2002 年 2 月成立的反对神奈川县提出的 "垃圾处理私营化方针" 的县内垃圾问题运动人士联合体。经过多次与县政府负责课室及理事直接交涉，指出了存在的问题，并提出了不同方案。本书作者为总负责人。

❷　此外，因信息公开属于另外的法律体系，所以在这里没有写。但是，把与居民健康及环境污染有直接关系的设施及机器设备作为信息公开对象的公共事业的做法，本身就不正常。如今的有关焚烧炉的环评报告，连厂家名称以及焚烧炉的型式都不公开，无论从任何观点来看，只能说这样的环评报告毫无意义。再有，为治理二噁英物质而兴建的昂贵的气熔融炉自 2001 年左右起，爆炸及火灾、不明原因的设施意外停止运行等事故接连不断，事故详细原因均被隐瞒。其中有许多事故原因不明，有不少事故连报告书也 "不存在"。

减排的地区及废弃物处理计划的市、町、村来说，该方案可以成为一个草案原形。另外，对于神奈川县制定的废弃物政策，我们总有一天会重新汇总一下。

神奈川县废弃物处理计划
《非焚烧垃圾处理计划》（市民替代方案）
反焚烧处理市民之会 山本 节子

前言
日本的垃圾处理政策长期以来一直以"焚烧处理"（包括高温焚烧处理、气熔融）为主。现在政府仍然对收集垃圾的80%～90%进行焚烧处理，并要求对处理后产生的灰渣（底灰渣、飞灰渣）义务进行熔融固化处理。

自废弃物处理法出台的1970年起，焚烧炉的数量随着经济增长而增加，最多时有三千几百座的普通废弃物焚烧炉在日本全国各地同时运行。1997年日本政府首次公开承认焚烧炉排放二噁英（根据《二噁英指导方针》）之后，焚烧炉的数量开始减少，目前还有1800座左右。

可是，尽管焚烧炉的数量减少了，整体的焚烧处理能力却增加了。这是因为政府借出台《二噁英治理对策》之机提出了焚烧处理的大区域化、连续化、高温化方针，报废、合并旧式焚烧炉，兴建了许多巨大的新型气化熔融炉。将垃圾焚烧推向市场机制的《循环型社会基本法》更助长了焚烧政策。用"经济方法"来解决垃圾处理问题，一定会产生其他的问题——破坏环境。

然而，时代潮流正朝着终止焚烧处理的方向发展。

国际社会在过去20年里，政府及研究机构等通过大量调查研究指出，垃圾焚烧处理、填埋处理与周围居民的健康危害和对环境造成的影响有关联。随着焚烧处理与疾病的关系逐渐明朗，越来越多的人认识到"焚烧处理的危险"，致力于"非焚烧垃圾处理""创建不排放垃圾社会"的地方政府、中央政府、环保团体及研究机构越来越多。与此相关的国际条约也不断出台，成为上述动态的后盾。在不远的将来，也许所有的地方政府都不得不面临采用焚烧处理以外的"其他处理方法（alternative）"及"禁止垃圾焚烧处理"。

根据上述这些情况，神奈川县应当在现行的废弃物处理计划中添加以公众为本的"非焚烧废弃物处理计划"的选择方案，以促进市、町、村努力进取。以下是为此而制作的市民"替代方案"，该方案的框架内容如下所示。

应认识到垃圾焚烧处理非常危险，世界范围的禁止垃圾焚烧处理运动的浪潮越来越高涨（危险的垃圾焚烧处理方式）。

《宪法》《地方自治法》《废弃物处理法》中都规定了公众对垃圾处理的权利。对于这一点，（神奈川政府）也应作出明确规定（垃圾处理是地方政府的自治事务）。

行政计划应以《宪法》规定的"法律面前人人平等"为原则，不仅要了解企业想法还要听取市民团体的意见，并有义务将其反映到政府计划当中去。要写明有市民提案这一选择方案（法律面前人人平等）。

要让公众了解垃圾处理私营化有剥夺当地居民的知情权、抢走公务员的岗位、导致环境恶化等弊端。（垃圾处理要以地区为单位）。

担当垃圾处理费用的是市民。不应该实行限定受益人的私营化（纳税人的权利）。

重要的事情是对市民的教育。（公众意识 Public Awareness）。

下面分别就各个项目概要情况做一下说明，最后将附上垃圾处理的市民替代方案。

1. 危险的"垃圾焚烧"处理

企业（生产厂家）在推销焚烧炉时，总是罗列出"可完全分解二噁英""排气清洁"之类的宣传用语。但是，如果垃圾处理设施真的安全，为什么排气净化装置要做得那么大、那么复杂呢？为什么产生的废渣谁都不想用呢？为什么要隐瞒焚烧炉事故的信息呢？

焚烧炉是人为地使复杂的物质在高温下"氧化"的装置。在炉内根据温度变化及垃圾性质连续发生无数次的化学反应，不停地产生出无数的化学物质。关于焚烧炉产生的许多有害化学物质的存在，自20世纪80年代起，已得到大量科学研究的证明。二噁英类及呋喃类物质不过是由无法控制的焚烧炉的化学反应生成的有机物质的一例。焚烧炉还产生其他大量未知的有毒物质，而且目前尚不存在对其进行无害化处理的"技术"。

铅、铬、砷、汞等有害重金属也被焚烧炉大量排放。这些物质经过气化熔融炉及等离子熔融炉等"超"高温加热后，恐怕大多数物质已被气化，但去向不明。即使熔渣被固体化终归有毒物也会融于自然环境中，并通过食物链被人体吸收。根据最近的调查显示，各种金属及元素（铜、钠、铁、锰、镍、镁等）在焚烧炉内起着形成二噁英的"催化剂"作用。

重金属及其他有害化合物，随产业活动的加剧而增加，有的物质已经达到了危险水平。比如汞就已经发展到相当严重的程度，以至于联合国有关机构呼吁有必要制定国际公约。不过，日本政府没有在国内公布相关的信息。

因为日本的《大气污染防止法》没有将汞列为限制对象（如果列为限制对象，就无法让焚烧炉运行）。

由于垃圾焚烧处理产生的①废气、②灰渣（飞灰和底灰）、③废渣、④清洗废水等全部含有上述有毒物质，需要采取"处理措施"使其不被排放到自然环境中。放射性污染物质虽然有半衰期，但元素绝不会消失。无论是混凝土还是玻璃，人类创造出的"密封技术"用不了100年，就会因为使用焚烧方法处理而付出代价。但是，付出代价的不是现在推行焚烧处理的生产厂家及官僚，而是今后出生的未来的一代人。

最不公平和不幸的是遭受最多垃圾焚烧处理恶劣影响的幼小的孩子们——胎儿、婴儿、幼儿（尤其是男孩）。重金属类会从母体转移到胎儿，伤害孩子们的神经系统，二噁英类物质会使免疫系统和激素分泌出现异常、使生殖能力紊乱，甚至使延续后代都出现危机。国际上发表的许多论文都指出：癌症、呼吸系统疾病、心脏病或者居民血液中的二噁英浓度与焚烧炉有关联。

而日本没有发表过一篇同类的研究论文。并不是因为日本的焚烧炉没有问题，而是对垃圾焚烧处理太习以为常了，医师及专家们不可能抱有根本性疑问。日本的焚烧政策从国际社会来看也是异常的。"焚烧炉是危险的"这样的想法也许会否定已往的常识，若非如此，孩子们的危机依然要延续，甚至会进一步恶化。我们这一代的成人现在有责任提出这样一个问题，那就是："垃圾处理为什么只有焚烧方式？"

2. 垃圾处理是"自治事务"

如果对垃圾进行彻底分类，停止加热处理，至少可以防止产生未知的有毒物质。之所以不停止"焚烧"，是因为垃圾处理是由相关行业的本位主义驱使的。企业想要多拿国家发放给处理设施的补助金，就要扩大规模，增加数量，兜售各种"技术"。自从公布了《循环型社会形成推进基本法》之后，政府提供给废弃物相关的调查研究、技术开发、设施扩充整备的补助金大幅增加，环保生意一下子成了日本的主要产业。要使这个生意持久并发展下去，需要确保垃圾的存在，垃圾处理的替代方案只是一种障碍。

但是，这些"新技术"几乎未得到过第三方机构的认证。其技术内容甚至都没有在环评报告中写清楚，事故被彻底隐瞒。在这些年里，各地接二连三发生的焚烧炉及灰渣熔融炉、RDF储藏库、厨余垃圾发酵机等的事故，由于调查结果显示的几乎都是"原因不明"，所以，无法排除新型处理炉今后也会发生爆炸及火灾的可能性。因此，这反映出政府及环境省优先发展经济和技术的方针与民众的利益和安全是严重对立的。

能改变这种焚烧倾向的是市、町、村政府。这是因为日本的法律制度将垃圾处理的权限赋予了地方政府（基层地方政府）。并且，在《宪法》《地方自治法》《废弃物处理法》中都规定了垃圾处理是市、町、村的"自治事务"。这意味着垃圾处理的责任和管理已委托给排放垃圾的居民。在宪法和各种法令中，已明确认可公众对垃圾处理的权利。因此，市、町、村在独立制定《普通废弃物处理基本计划》时，必须把垃圾处理改为以地区为本的内容。

然而，目前国家和都道府县强制执行的《垃圾处理大区域计划》是没有法律依据的、违法的、上传下达式的项目，其在超越行政区域范围这一点上也是违法的。已经将其写进了《普通废弃物处理基本计划》的市、町、村需要精心谋划对策来努力删除这部分内容。

无视这一点，使居民疏远垃圾处理的废弃物政策会顷刻陷入僵局。实际上，已往的废弃物政策完全回避了"由地方政府做主""发挥公众能力"的方针。国家采取的"捂盖子"式的政策，产生的严重破坏环境及社会矛盾等问题被全部强加给了设施周围地区。这种只对特定地区转移污染的政策是不公正的，违背了"自治事务"的精神。

没有人不排放垃圾。正是因为谁都平等地排放垃圾，同时因为排放垃圾会污染环境，所以需要各地区的所有人员参与及努力，才能不给环境造成恶劣影响而进行垃圾处理。能够认真地致力于垃圾减排的不是焚烧炉生产厂家，而是居住在相关地区的居民们。

要停止焚烧处理，首先要认识到垃圾处理是居民的权利。因此，要求地方政府职员做到的是让居民清楚地了解实际状态，并协助制定自己能够付诸行动的制度。如果政府能回到这个出发点，就可以找到解决问题的途径。

3. 从各地区开始的"非焚烧垃圾处理"

之所以市、町、村的垃圾处理被看作"自治事务"的另一个理由，是因为每个地区的垃圾性质有很大不同。如人各有不同一样，市、町、村也是由各自完全不同的历史、环境和居民组成的，适合某个城镇的垃圾处理方式不可能完全套用到别的城镇。如果各区域的垃圾不同，最好采用不同的方法来处理不同地区的垃圾。因此，当初制定相关法律时，也是考虑到最熟悉居民的生活及消费动向的市、町、村政府应当与居民一起来参与垃圾处理。这种状况从《废扫法》制定之时到现在几乎没有发生改变。

然而，实际上有关垃圾的状况发生了很大变化。许多的市、町、村（尤其是庞大的城市）在忙于应付蜂拥而至的垃圾时，往往认为除了焚烧之外没有其他的解决办法。尽管普通废弃物正在减少，国家却不顾居民的反对，在各地建设"大区域"的大型焚烧炉。到底什么发生了变化了呢？

其答案藏在家庭用的垃圾袋里。

许多地方政府明白，如果按重量统计，有50%以上的家庭垃圾为厨余垃圾。但是，厨余垃圾的数量并没有随着时代的变化而增加。因为人们能消费的食物没有太大变化。就在并不遥远的过去，人们还是在院子里挖个洞把烂菜叶和残羹剩饭倒在里面，盖上一些土"处理"掉。厨余垃圾是能回归到土壤的、良好的循环利用资源。那时人们的生活本身并不排放厨余垃圾。到了"焚烧炉"登场亮相后，由于连厨余垃圾也可当作"可燃垃圾"回收，所以难免不发生问题。

其次垃圾中最多的是"纸质"垃圾。日本是大量使用纸张的国家之一，因此有人批评日本导致世界森林减少。即使这样，纸张的使用量还是有增无减，为了阻止对资源造成破坏，首先需要制定法规对纸张"生产"加以限制。但是，如果是在地区层面上采取措施，可以把废纸回收进行循环利用，使垃圾的数量大幅减少，由此可减少焚烧量。均质废纸的商品附加价值很高，回收这类纸张还可以增加就业机会（旧衣服等纺织产品也是一样的）。

然而，政府的方针是把废纸及废布等作为"发电资源"全部焚烧掉。因为根本没有垃圾处理经验的国家和县政府非要把这些本应由地方政府解决的"自治事务"放在"大区域"的国家层面去处理，所以才会走错了路。这不仅仅是因为厨余垃圾及废纸等是不能焚烧的、可循环利用的物质，更重要的是这些"有机物"会作为生成有机类化合物的"原料"而在焚烧炉中与其他物质（氯等）发生反应。

再来看看除去有机资源垃圾之后，在垃圾袋里会剩下什么。

剩下的应该都是塑料及聚苯乙烯泡沫塑料托盘等"容器"和"包装纸"之类的东西。正是因为人们滥用这些石油化工产品，才使垃圾问题复杂化、不断恶化，这才是导致大范围环境破坏的元凶。其中塑料袋给环境造成了各种恶劣影响，国外有些地区甚至颁布法令禁止了其使用和生产。在日本塑料垃圾却被当作"发电资源"全部焚烧，对塑料袋的生产也没有限制措施。如果不对这种潮流进行抵制，让地方政府和居民为企业活动收拾残局的日本社会制度还会持续下去。

如果从家庭垃圾中去掉厨余垃圾、废纸、废布等，每人每天排放垃圾不足 100 克。市、街、村让公众参与将现行政策改换为"非焚烧废弃物政策"，垃圾减排 80% 或 90% 的目标马上就可实现，焚烧炉也就不需要了。当然，尽管改换政策需要筹备和时间，但只要是涉及垃圾处理问题，一定会得到热心市民们的协助。这是因为对于"采用单一的垃圾焚烧处理方式"，无论谁都会默默地为之心痛的。

4. 实行垃圾处理"私营化"助长了焚烧主义

由于政府修订了《废弃物处理法》，从而使国家能够直接参与垃圾处理，为私营化敞开了大门。"大区域联盟"的存在会因垃圾处理的"大区域化"

导致地方政府的解体，而《指定管理者制度》的实行会导致地方政府负责的部分事务被全部移交给企业。

对于将"自治事务"实行"国策化""私营化"的矛盾，无论在国会还是在法律专家之间，根本没有讨论过。但有一点是很清楚的，即至今非常不透明的垃圾管理通过"私营化"会完全黑盒子化。可以预见，实施垃圾处理私营化将出现下述事态。

（1）气化熔融炉等设施建设会超过现有的数量。因为道路及机场等其他的公共事业项目已经饱和，企业会就"公共环境设施建设"议题向政府施加压力。实施这些补助金项目将无法避免导致新的环境破坏和加剧居民对政府的不信任。

（2）市、町、村的负担加重。如果是地方单独项目，用补助金项目五分之一的费用就可完成，镰仓市的今泉清洁中心改造项目可证明这一点。按照大区域计划，补助金将达到最高金额，由于其费用由大区域内所有地方政府按比例分摊，所以无法逃避要支付的费用。另外，由于管理上也交给私企，所以要按照企业的要求一直支付管理费用。此外，地方政府还要承担事故的补偿及责任（法律上是如此规定的）。

（3）无法避免垃圾增加。在美国及英国等垃圾处理私营化的国家，地方政府与焚烧炉运营公司之间签订长期合同，地方政府有义务提供稳定的垃圾来源。如果不能确保垃圾数量，往往要支付罚款（违约金），因此即使想减少垃圾数量也都无法做到。为了让相关企业存在下去，垃圾是必不可少的。

（4）所有的垃圾都会被焚烧掉。尤其是废纸及木材等最适合循环利用的有机物，是不可缺少的燃料。如果没有可燃烧垃圾（有机物），焚烧炉将失去存在的意义。

（5）居民的道德衰退。因为反正也是焚烧掉，所以不需要分类了。由于企业总是宣传物品可以随意废弃的"便利性"，所以越来越多的人深信这是社会的进步。由于不需要再珍惜物品，人们的精神开始颓废。

（6）产业废弃物的"混合焚烧"成为理所当然。随着人口减少和技术的进步，垃圾数量在逐渐减少，考虑到今后的垃圾数量不够的情况，政府准备修订法令，打算撤销普通废弃物和产业废弃物的区分，"按性状分类"。修建新的大量处理功能的焚烧设施就是为了接受蜂拥而至的产业废弃物。

（7）所有的信息都被隐瞒。在现在（政府管理）的状态下政府都不公开有关污染及事故的信息，如果私营化，会以"保护企业"为挡箭牌，更加不愿意公开信息。还有，废弃物的监视及控制系统也将成为推销相应新产品的工具。

（8）绝不会采纳居民的意见。垃圾处理企业为了要存在下去，垃圾数量不能减少，为了优先考虑效率、加强销售，涉及限制企业活动的公众要求及公众参与等建议会被当成耳旁风。

（9）环境恶化。企业绝不会承认焚烧炉排放有毒混合物。哮喘病会增加，家庭及地方政府的医疗费用负担也会加重。目前神奈川县政府提出了垃圾处理"私营化"方针，对此，县内的市、町、村政府与居民需要直接把这个问题提出来进行深入讨论。

5. 神奈川县的《整体构想》——全量焚烧处理计划

2002年2月6日，《日本经济新闻》刊登题为《神奈川县垃圾处理将实行私营化，公营焚烧厂将逐步废除》的报道。对这突如其来的报道感到十分惊讶的市、町、村政府、议员和市民纷纷对县政府提出抗议和质疑，但是县政府称"报道不属实"，予以全面否认。

然而此后，县政府很快如报道所述，公布了以私营化为前提的《神奈川废弃物处理计划》（根据修订《废扫法》制定的最初的县政府计划）。其内容是今后要以NPO（环境技术中心、企业集团的对外窗口）为项目主体，对报废汽车、建筑混合废弃物、有机类垃圾的资源化进行研究，并把该NPO与县政府、地球环境战略研究机构归纳的《整体构想》作为县政府的中心对策。

《整体构想》是个秘密计划，目前连议会报告也没有。但是，2001年县政府已从环境省得到了这个构想的批准和"建议"，也决定了给NPO的补助金。冈崎知事不仅将特定企业集团的计划原封不动地当作了县政府的计划，还于2003年3月卸任后，直接就任这个NPO的理事，并去说服县政府和环境省推动整体构想的实施。因此，不得不说该县政府是一个非常不公平、不公正的县政府。

《整体构想》把垃圾分为①循环利用垃圾、②有机垃圾、③发电垃圾、④难处理垃圾，分别通过循环利用中心、垃圾发电厂、有害废弃物焚烧炉进行处理。以"大区域化（一百万人口的规模）"和引进最新技术为前提，没有普通废弃物和产业废弃物的区分。县政府按自己的构想制定出超出法律框架的行政计划，这种不正常的情况，显示出今后废弃物处理中的危险性。

行政计划必须以《宪法》规定的"法律面前人人平等"为原则。作出决定的所有过程必须光明正大，其内容当然也是必须遵循法律的。并且，行政部门对主权者的居民，必须尽到说明义务。此外，只要垃圾处理还属于"自治事务"，那么把市民团体的意见反映到计划之中也是政府的义务。对于县政府及国家、市、町、村进行的有关废弃物的所有项目，承担费用的是居民，因此居民作为纳税人有对上述事项提出要求并促使政府兑现的权利。

但是，神奈川县和NPO把市民团体的强烈抗议和质疑全都当作耳旁风，拒绝一切说明，悄悄地推进《整体构想》。2003年3月NPO提出了以县西部的五市十町为示范点的"100万人循环利用区域示范区（百万PR）"项目的中期报告。其内容包括要建设5个循环利用中心、3个有机物资源中心、1座垃圾发电厂、1～2座有害废弃物焚烧炉。

并且，2004年2月，《日本经济新闻》再次以《垃圾——私营企业的大区域处理》为标题，报道说企业以这100万人循环利用示范项目为样板，实际上已预定开展项目施工。按理说这个项目是"单纯的研究"项目，相关企业却在县政府的支援下将在2004年6月专为此项目成立新的公司。

该NPO投入更多力量的是修建一座处理各种"有害废弃物"的设施，即"清洁化处理中心"的建设。该中心将安装使用1997年美国开发的叫作PEM（等离子增容熔融炉）技术的设备，即"通过氩弧放电的超高温（2 000℃到10 000℃）瞬间把废弃物分解至原子级"的设备，该设备可处理POPs及PCB、矿渣、粉尘、粉碎的废料、废家电、废电池等。

但是，经查阅论文得知，根据投入垃圾的性质和状态，PEM（等离子熔融炉）排放的气体中仍然含有二噁英及重金属类物质（铅、镉、汞）。如上所述，垃圾的高温处理只是产生另外的化学反应，绝不可能对有毒物质进行无害化或净化处理。

不仅如此，PEM（等离子熔融炉）目前仍处于实验阶段，在美国国内也只是2吨至10吨的规模，并且只不过在几个地方"断断续续"地运转。日本曾打算在冲绳将该实验炉投入使用，因遭当地居民反对而受挫。在福冈县率先引进该设备的产业废弃物处理公司还把起死回生的希望寄托在这个项目上，但因该设施无法正常运转而破产。运转不正常的原因也同样无人知晓，也不清楚该由谁承担什么样的责任。因为反正引进设备的厂家已经"破产"了，所以"死人无法开口说话"。

尽管处于试验阶段，日美的企业还是要把该熔融炉推销给日本，是因为人们把下一代废弃物处理的希望寄托在"等离子（Plasma）"技术上，所以备受人们关注。如果该熔融炉能与主流的等离子焰炬型（Plasma torch）分享市场份额，废弃物市场将会在世界范围扩大。因此，日美企业让对焚烧没有任何抵触的日本政府机构引进该实验炉，似乎想使其成为向世界兜售焚烧炉的导火索。具体分析一下实际情况，在关东地区的首座PEM（等离子熔融炉）有可能会建在川崎市或小田原市。但企业推销时可以其他名义，因此行政方面必须采取谨慎的态度来对待。

为了处理人类创造的垃圾为什么要建造温度比太阳还高的设施？当然许多人会对此抱有疑问。然而，我们有必要知道，不论是神奈川县制定的"整体构想"，还是兜售PEM之类的危险设施都是基于环境省制定的"循环型社会"方案。难道我们真的希望实现循环性社会要依靠于上述设施吗？

6. 希望县政府施行"非焚烧政务"

综上所述，我们作为纳税人向神奈川县政府提出以下要求。

★不要强迫市、町、村地方政府施行垃圾处理的大区域化和私营化（其违反《宪法》《地方自治法》《废弃物处理法》）。

因此，在《神奈川县废弃物处理计划》中务必注明地方公共团体（市町村政府）可以将垃圾处理作为地方自治事务进行管理（这是《宪法》和地方自治的宗旨）。

★停止未遵守现行法律而有计划实施"以焚烧为中心"的支援企业的做法（违法）。取而代之的是各地方政府要协助实施有公众参加的《非焚烧垃圾处理替代方案》（县政府有义务尽到说明的责任和提供信息）。

★为了建立其实施体系，要召开有公众及市、町、村职员参加的圆桌会议，并给予协助。要把相关内容明记在《县废弃物处理计划》中〔属于公众参与（public involvement）、纳税人的权利〕。

★收集有关"非焚烧垃圾处理"的信息，向县民广泛宣传〔公众意识（Public Awareness）〕。（下述是市、町、村）的垃圾减排试行方案。即使已经开始实施生活垃圾循环利用计划的地区也应从禁止焚烧的立场出发重新修改其计划，要制定成全体居民参加型的计划。

7. 有机物循环利用计划

市民制定的市、町、村的《非焚烧垃圾处理计划》（试行方案）

（1）计划的目的

该计划的目的是通过循环利用占本市垃圾总量（×吨／年）的×%的有机物垃圾，实现垃圾减排，进而做到阶段性地停止垃圾焚烧处理。因此，要制定《××市有机物循环利用计划》，确定必要的事项。此外，在计划中应包括下述条目（根据不同地区的具体情况）。

★将减少垃圾产生至最低限度为目的的《减排计划》

★全体居民都能参加的《资源回收计划》

★使用循环利用产品的《循环利用产品使用计划》

★降低企业及行政的垃圾处理成本的《降低循环利用成本计划》

★设立××市循环利用计划委员会

★阶段性禁止焚烧、填埋处理（制定公布垃圾问题相关信息的计划）

（2）计划的宗旨

××市以及当地居民对下述现实状况达成共识，并公开承诺：

现代消费者的周围充斥着一次性及危害环境的商品，随着消费量的增加，资源枯竭及废弃物大量增加的问题越发严重。并且，几乎所有的垃圾都被焚烧处理。××市每年收集的垃圾为××吨（××年），其中××%运到××清洁中心被焚烧处理。焚烧处理后剩下的××吨灰渣被填埋到××填埋场（各地方政府的数据）。然而，现在的填埋地将在大约××年被填满，之后的计划尚无法制定。设置新的焚烧炉及垃圾填埋场定会遭到居民的强烈反对，将很难选址，费用支出也会十分庞大。

垃圾焚烧处理会排放出以二噁英为主的无数持久性有机污染物质（POPs）及重金属，导致环境污染，最终会给下一代人造成严重危害。垃圾焚烧处理不是可持续发展的方式，会造成天然资源浪费，还会增加温室气体排放，加剧全球变暖。将焚烧灰渣熔融固化处理后形成的熔渣也含有许多有毒物质，其安全性无法得到保证。

没有一个居民能不排放垃圾。因此，所有居民必须要通过某些方式解决垃圾问题。这样，只有参加解决问题的活动，才能改变每个人的生活方式，并在消费及废弃过程中采取负责任的行动。××市根据《宪法》《地方自治法》《废弃物处理法》，为制定适合本地区状况的单独的垃圾减排政策，希望在神奈川县的协助下，提交这部通过每个人的行为变化来影响整个社会的、实现综合垃圾减排的循环利用计划。

（3）计划实施时期

以本年度为第一个年度，在到××焚烧炉预定重建的××年之间，分阶段实施，到××年开始全面实施（实施期间依各地方政府不尽相同）。此外，该计划大致每五年要重新修改一次，届时将根据国际及国内情况修正。

（4）计划的实施对象

以××市所有地区及所有居民为对象。

（5）计划实施的对象物

本计划以下述有机资源为对象物。

• 生鲜垃圾（厨余垃圾）

• 修剪枝叶垃圾

• 纸质垃圾（废纸、纸箱、混合纸）

• 纤维垃圾（旧衣服、布）

（6）××市有机物循环利用计划

1）减排计划

垃圾减排的捷径是制定不产生垃圾的"控制产生"政策。食品包装及塑料袋、食品保鲜膜等"容器"一旦带回家就成了没有用的东西，再使用也不过是用作垃圾袋而已。将这样的产品列成清单并交给生产厂家，促使其采取减排措施。另外，要通过社区及学校彻底进行不购买、不使用容易成为垃圾的物品的宣传教育。

2）所有居民参加的资源回收计划

所有居民都要参加厨余垃圾、修剪枝叶垃圾、纸质垃圾、纤维垃圾的循环利用。

★对于厨余垃圾，原则上以所有居民为对象，将"自家处理装置""发酵罐""发酵罐＋微生物""发酵罐＋有益生物（蚯蚓等）""电动生活垃圾处理机"分发给居民。处理机机型基本上由居民自己选择，第一台免费，第二台给予补助。对于住宅楼的居民另外安装处理装置。不能按户处理的住户，设置单独的发酵处理点。

★修剪枝叶垃圾数量少时原则上由家庭处理，数量多时采取定期回收方式。对收集的枝叶垃圾用市营的小型发酵装置处理成肥料。

★对所有的纸质垃圾按照报纸、宣传广告、混合纸、牛奶纸盒、纸箱等分类，通过现有的回收渠道每周回收一次。向有关方面宣传减少纸制品的使用。

★直到有机资源循环利用即完全分类回收方式固定为止，政府职员应在固定时间，以顾问身份到分类现场回答居民的询问，并进行指导。

★纤维垃圾也要同样进行分类、回收。

★回收时间原则上在固定的每周星期几的日期进行，以给居民提供方便（另外，瓶子、罐子类资源也要在相同的日期回收）。

3）循环利用物品的使用计划

处理后的生活垃圾产品"有机肥料"原则上由家庭消费，无法用掉的肥料可由政府部门及市营公园、山林进行有效利用。回收有机肥料可与资源回收同日进行。在发酵处理点制作的肥料除了通过政府部门免费发放外，还可以销售给农户及园艺企业。行政部门要带头使用废纸制作的产品。

4）降低循环利用成本计划

为了降低该循环计划的实施成本，在实施过程中以下述内容为基本原则。

★厨余垃圾以按户处理为原则，减少收集用的人工费、交通费。

★安装设备时，避免采用大型、复杂的设备，应采用便于维修的设备。

★同样，对处理机也是原则上使用发酵罐，而不是电动。

★培养本地区的人力资源，请志愿者监督员进行监督和提建议。

★每半年对制度和成本进行一次重新评估，根据需要进行修正。

★做到不增加资源回收物品的数量。

5）设立××市循环利用计划委员会

统管整体计划，为确保其计划进度，设立以市民为中心的循环利用委员会。

委员会成员限定为市政府的相关职员和市民，市民委员要选拔自荐和他人推荐的能积极参与并且有经验的人才。委员会的会议、会议纪要和相关资料要全部公开。委员原则上为志愿者，从项目开始起一年内为相同人员，之后更换一半的委员。虽然原则上不可连任委员，但可以重新就任。委员中不应有议员及学者参加。在委员会协调意见时，有时会请与无利害关系的人士作为顾问参加，但这种场合也不能有议员和学者参加。

6）《公开垃圾问题信息的计划》——阶段性地禁止焚烧、填埋处理

为了使该计划顺利地进行，最重要的是使更多的人认识到"焚烧处理十分危险"。为此，首先①通过行政人员举办学习班，不断掌握信息，然后，②通过行政人员在当地召开说明会争取当地居民的协助，③利用本地区的人力资源，通过培养垃圾监督员、地区顾问等与地方政府和居民建立起协作关系。

此外，为了回答"是否需要最小限度地使用焚烧炉"等意见，应尽早在《普通废弃物处理基本计划》中添写上"阶段性禁止焚烧处理""将来要禁止焚烧处理"等词语，避免在此问题上摇摆不定。但是，为了有诚意地应对居民的反对意见和担忧，需要考虑市政府整体的应对措施。

7）计划的时间表

第一年：公布有机物循环利用计划，设立委员会和公开招募委员，同时举办市议员等的学习会，制订计划框架。

第二年：选定示范地区，选定几处人口、地理条件不同的地区，引进各种形式的处理机，实施示范项目。进行问卷调查。

第三年：收集、分析示范项目的结果和问卷调查情况，制订全市范围的计划、制定焚烧炉停运的日程表。

第四年：该项目在所有区域全面展开。此后每隔一年进行一次评估和改进。

注意事项

从委员会成立到制订计划有下述几种具体做法：①市长要向《废弃物处理法》规定的减量化审议会咨询；②市长通过自上而下（top-down）的方式召集市民委员会，并向该委员会（非条例规定的委员会）咨询；③由具体

负责人自下而上（bottom up）提交计划草案。

　　市民提议的草案也要遵循上述任意一种方式。目前许多法令都要求积极采取公众参与（public involvement）的做法，因此我们必须认识到，如果无视有调查研究依据的市民提案是一种违法的行为。无论是各地区组织结构还是计划草案，都会因各地区状况及人才条件而不尽相同，但总负责人都应该是市长。

　　下文中列出了制作试行方案时参考用的一览条目。除此之外，也许根据不同地区的特点还有很多问题，但最关键的是不要去无休止地探讨那些难点问题，而是从力所能及的事情开始做。如果认为自己的尝试失败了，可以改进。发酵罐是不污染环境的，而且可以在小区域进行垃圾处理，即经济实惠又简单易行，可以说是最佳方式。

　　［减排计划］
　　——什么时间的减排是最行之有效的？
　　——减排的对象是什么？
　　——实施减排计划需要哪些部门、协助、制度、法令？
　　——市民能做什么？行政部门能做什么？
　　——能否设定数值目标？设定的数值目标是否合适？

　　［全体居民能参加的资源回收计划］
　　——作为行政事业能否向全体市民提供服务？
　　——分户处理还是统一收集？
　　——采取收集方式时，是按户收集、小组回收还是按集团回收？
　　——关于回收次数，每周几次最合适？与成本之间的关系？
　　——收集车的类型？收集容器？
　　——各种资源垃圾分类的种类、分类方法？
　　——是否需要设立接收资源垃圾的回收站？如需要，应为几处？
　　——接收型回收站是否需要管理人？需要几个人？
　　——是否需要当地居民担任管理人？如果需要，应为几人？

　　［循环利用品使用计划］
　　——实施有机资源循环利用计划能产生什么样的成果产品？其数量是多少？
　　——除本地消费以外，其产品还有什么用途？
　　——在市场上调查销售时的合适价格、市场价格，并列出清单。

[降低循环利用成本计划]

——该计划当初估算的费用是多少？适当的预算金额是多少？

——如果常年进行焚烧处理，每年的经费大约是多少？短期和长期的经费各是多少？

——将该计划（焚烧处理代替方案）与焚烧处理进行成本比较，结果如何？

——同样地将该计划（焚烧处理代替方案）与焚烧处理的环境影响进行比较探讨。

——在整体计划中成本最高的是哪部分？是否有削减的方法？

——是否需要修建设施的计划？在哪里修建？需要几处？

——对重点措施应该怎么办？需要制定几项？

——是否需要将部分业务委托民间企业？委托金额是多少？

[设立××市循环利用计划委员会]

——无报酬的委员会如何招募有能力有积极性的人才？

——能否准确把握问题和积极实施计划？

——对于排除议员及学者的问题，如果有反对意见该如何回答？

——如果有人担心（委员会里）没有经验的市民能否单独促进该计划时，该如何回答？

——如何进行委员会内部意见协调？是否需要不涉及利害关系的顾问（参与委员会的工作）？

[阶段性禁止焚烧及填埋处理]

——如何使越来越多的人认识到"焚烧处理危险"？

——当提出"反对焚烧处理"时，如何消除有可能出现的居民的反对和担心？

——如何制定"阶段性禁止"焚烧处理的时间表？

——尽管如此，对于"最小限度的焚烧处理是必要的"这一意见应如何回答？

[整体注意事项]

——如何汇集、反映公众意见？是否需要公开相关信息？

——是否做到了采纳当地居民的创意想法，是否采取了最适合当地的形式？

——是否已使公众了解了垃圾焚烧处理的危险性？

——居民与地方政府之间是否已经建立合作机制？

——已制定的政策是否以保护自然为中心而不是重视经济的政策？

——该计划是否是一部在行政区域内以居民和地方政府为主体的计划？

　　反复强调要注意的是，垃圾处理是市、町、村政府的职责，是"自治事务"。因此，需要成立由在地方政府中最熟悉垃圾处理现状的现场职员、市民代表（致力于解决垃圾问题的个人及团体）组成的"委员会"，来策划制订计划方案。

　　事务局的工作也不是只由市政府里（相关业务）负责人来承担，最好是和市民委员共同承担。也许排放事业垃圾的地方政府的事业机构也会申请参加进来，但因原则上产业废弃物是县政府负责的范围，因此只能以个人名义参加。之所以不想让议员及学者进入委员会，是因为对于议员来说他们可以在议会讨论，而学者是因为他们不了解实际情况，容易转换话题。不过，律师及咨询师等"专业"研究垃圾问题的人员不在此例。当然，也不能指定有可能使话题倒退到"焚烧处理"上的焚烧炉厂家的职工。总之，如何收集真正的公众意见，关系到计划是否能够成功。我们应当充分认识到，如果走错这一步，至少污染还要持续 10 年。

2004 年 2 月 28 日

后记

狼何时会来?

　　狼来啦！太可怕了！当受到威胁时，人会绷紧身体进入防御状态。然后，去找遍藏身之处，并一直等待狼的离开。二噁英带来的恐怖感与此十分相似。非同寻常的毒性、从来没有听说过的纳克（10亿分之一克）及皮克（一兆分之一克）的单位、由此而来的恐怖心理障碍……实际上人们从来没有遇见过，但是，一旦来了就会被伤害——对于这样的恐怖，人只有凭直觉作出反应。

　　反过来说，这是一种即使理性地思考也难以对付的事态，人很容易被操控。

　　正是由于上述恐慌，市、町、村政府无条件地接受了国家的二噁英对策和气化熔融炉。国家投入巨额的经费补助也激发了建设高潮。因为新技术开发出来的时间很短，其安全性及有效性尚未得到实际认证，但据说是政府认为"公众会（因为二噁英）折腾、闹事。为了实施二噁英对策，花上数十亿日元也是迫不得已"。……似乎在焚烧炉运行时各地接二连三发生的事故及火灾都是在所难免的。但是，越是出现引发"恐怖"心理的问题及骚动，我们就越要停下脚步静下心来，冷静地思考一下问题的根源在哪里。

　　在二噁英污染问题暴露出来的时候，为什么日本的公众没有对垃圾焚烧处理说"不"。对此，我实在感到不可思议。为了不产生二噁英，只有停止垃圾焚烧，为此只有大幅度减少垃圾数量。然而，通过观察讲演会及学习会的情况，我感到公众还只是停留在担心"没有焚烧炉如何处理垃圾"的阶段。连中老年人都似乎已经忘记30年前的那个不扔垃圾的理想社会状态的年代了。

　　日本并不是一直都在焚烧垃圾。垃圾问题的形成是从经济高速发展时期（自1970年的修改施行《废弃物处理法》）开始的。在这之前，尤其是在第二次世界大战期间，根本不存在垃圾。在物资匮乏的年代，人们把物品利用到了极致，将粪便作为贵重的肥料进行交易，衣服等也都经过精心的缝补后反复穿戴使用。

　　之后的经济发展把人们变得十分自负，把浪费变成了美德。因此，"富裕"产生的弊病及那个时代的先锋们不负责任的行为实在令人大失所望。他们理应具有建立爱惜物品的社会和教育年轻人的责任。因为生在物质丰富年代的人们根本不知道物质匮乏年代的境况。相反，年轻人被灌输了浪费及消费才是"美德"、垃圾要焚烧的观念。然而，在此时登场亮相的焚烧炉破坏了曾经充分发挥过作用的（包括废品回收业者在内的）区域循环型垃圾处理体系。具有讽刺意味的是，曾经通过垃圾彻底分类和循环利用推进垃圾区域内处理的市、町、村政府却大力促进垃圾焚烧。也正是在此时，我们的社会为"狼"敞开了大门。

　　其背景在于政治组织和产业界已经形成一体（这是一般人无法想象的），而产业界把垃圾项目作为推进事业的着眼点。但是最大的问题是公众已经完全习惯了垃圾全部焚烧处理的做法，并对此不抱任何疑问。各地的反对运动也都没有涉及"非焚烧垃圾处理"。

2003 年 3 月，笔者参加在马来西亚举行的反焚烧的 NGO 网络——GAIA 全球会议的时候，才知道日本开展的类似运动与国外存在相当大的差距。对于日本这个拥有世界上数量最多的焚烧炉的国家，仅有 2 名 NGO 代表参加了会议。从这件事可明显看出日本 NGO 的活动能力与国外 NGO 在以下几方面存在很大差距，即独自获得相关信息并与其他的团体共享，对公众进行宣传教育，与公众一起向企业及政府开展工作，对国家制定政策施加影响等。

造成这种能力差距的原因是缺乏"知识"。在企业国际化的时代，执政者及企业不想让公众获得知识和充分的信息，因此民众只有获得正确的信息才能保护自己。如果反对焚烧炉计划就必须提出"非焚烧垃圾处理"的相反提案。本书之所以指出焚烧炉处理的危险性是希望人们了解日本垃圾处理的实际状况，并希望人们知道还有可代替垃圾焚烧处理的方案（其他处理方法）。在当前的时代，只要日本的做法有可能导致全球环境恶化，日本就不能无视现实而持续焚烧处理。包括产业界在内，我们所有的日本人都应该停下脚步好好考虑一下是否应该继续垃圾焚烧处理。

然而，开始书写这本书时令我十分愕然，在日本国内几乎找不到可供参考的文献。许多资料都是来自国外的 NGO、政府、国际机构、研究所等，主要是通过互联网得到的。与国外庞大的信息相比，具有世界最多焚烧炉的日本，根本没有对焚烧炉产生的健康危害及环境污染进行基础研究，这也许是在意料之中。

最令人吃惊的是汞污染的状况。尽管当日本接到来自许多国家的"警告"时，已使人感到似乎"狼"在张牙舞爪，但日本政府作为一个经历过水俣病的国家，却没有进行过关于全国性的汞污染调查，而是对普通民众封锁相关信息。由于政府只给技术开发项目提供经费补助，所以连研究人员也没有发现问题所在。此外，如果与公众一起行动、给公众补充知识的研究人员人数太少，公众深信"神话" ● 的情况也就不足为奇了。

同样，笔者对 SPM 问题也感到吃惊。对于三十年来没有修改过相关标准的日本，只能说在环境方面落伍于国际社会。关于 SPM，本打算就其与具体疾病之间的关系及国家政策的背景做深入探讨，可因篇幅的关系只好长话短说了。

● 指"焚烧无害"的说法——译者注

这次（写这本书使）我重新认识到，垃圾问题涉及所有的领域，并且是涉及政治、经济、跨领域的和国际性的问题。但我既找不到相关资料也找不到参考书，从正面论述反焚烧的理论实在有些力不能及。但是，回顾一下垃圾处理的发展过程，目前需要的不是专家的讨论，而是民众如何从整体来看待这个问题。因此，笔者从个人角度纵观整体垃圾处理问题后指出了存在的问题。在写作此书过程中笔者又发现了许多问题，有待今后进一步跟踪研究。

每每看到垃圾问题的"现实情况"，就会去想为什么这样的问题会被置之不理呢？会想到日本在现行社会体制下是如何为了维持经济繁荣而不考虑"伦理""常识"及"人性"的。垃圾焚烧处理让人们丢掉了对物质的留恋和珍惜的自然情感，让人们对使用一次性物品和浪费物品麻木不仁。

笔者写作本书就是衷心期望人们真正理解垃圾问题，以及找到解决问题的线索。对于建议早日出版本书的筑地书馆的土井二郎先生及接受采访的各位人员、提供各种信息的国内外的各位朋友致以衷心的感谢！

2004 年 5 月 21 日

附录

附录1　世界各国的焚烧禁令和暂停禁令

　　下列内容是反对垃圾焚烧处理，呼吁采用替代方案的全球焚烧替代联盟 GAIA（Global Anti-Incineration Alliance/Global Alliance for Incineration Alternatives）在 2003 年汇总的。未必包括所有国家、城市和地区的全部内容。

［国际公约］

　　《奥斯陆公约》，1992 年，禁止在大西洋东北海域焚烧

　　《伦敦公约》，1996 年，禁止在世界范围的海域（船舶上）焚烧

　　《巴马科公约》，1996 年，禁止在非洲领海及内海海域焚烧

［各国的禁令］

　　阿根廷

　　丘布特省的埃斯克尔市在巴塔哥尼亚地区首次禁止气化熔融炉、等离子熔融炉、垃圾发电等的垃圾焚烧，禁止外来委托的焚烧。（2004 年 5 月）

　　圣菲省古拉那狄洛柏高利亚市市议会规定焚烧医疗废弃物是非法的。（2003 年）

　　布宜诺斯艾利斯市议会制定了禁止焚烧医疗废弃物，包括为了处理而向该市以外的地方运输医疗废弃物的法律。（2002 年）

　　圣菲省 villa Constitution 市议会规定禁止修建焚烧炉。（2002 年）

　　圣菲省科罗内尔博加多（Coronel Bogado）市议会规定禁止修建焚烧炉。（2002 年）

　　科尔多瓦省 Marcos Hoaresu 市议会规定修建焚烧炉是非法的。（2002 年）

　　2002 年 11 月通过决议将该停止时间延长 180 天。（2002 年）圣达非省卡西尔达市议会禁止在 180 天之内使用有害废弃物焚烧炉。

　　Capitan Bermudez 市议会规定所有的垃圾焚烧是非法的。（2002 年）

　　圣胡安省在城市中心及周围地区禁止使用火葬炉。（2001 年）

　　巴西

　　圣保罗州的迪亚德玛市制定了禁止焚烧城市垃圾的法律。市议会提出对垃圾处理问题应

通过制定减排、再利用及循环利用政策去解决。（1995 年）

加拿大

安大略省制定并实施了有害废弃物处理计划，其中包括阶段性地废除所有医疗机构的医疗废弃物的焚烧。（2001 年）

智利

根据 07077 决议，禁止在几个大城市进行焚烧处理。（1976 年）

捷克

Pardubice 地方的 Cepi 市禁止新建垃圾焚烧炉。（1997 年）

德国

人口最多最大的工业地区北莱茵－威斯特法伦州禁止建城市垃圾焚烧炉。（1995 年）

希腊

政府制定了垃圾发电焚烧厂焚烧有害废弃物为非法的法案。（1994 年）
2001 年环境大臣正式宣布禁止焚烧城市垃圾的方针。（2001 年）

印度

中央政府颁布了禁止焚烧含氯化物塑料类垃圾的国家级规定。安得拉邦的海德拉巴市禁止医院焚烧垃圾。（1998 年）

爱尔兰

虽然没有颁布正式的禁令，但爱尔兰已关闭了所有的医疗废弃物焚烧炉。（1999 年）

马耳他

公立医院和私立医院截止到 2001 年已废除了医疗废弃物焚烧炉。（2001 年）

菲律宾

制定了禁止所有形式的垃圾焚烧的《清洁空气法》。该法案对城市垃圾、有害废弃物、医疗废弃物均适用。（1999 年）

斯洛文尼亚

禁止进口焚烧用的垃圾。(2001 年)

西班牙

阿拉贡地方政府为了废除医疗废弃物焚烧炉，要求用高压杀菌锅作为处理医疗类废弃物的替代设备。(1995 年)

美国（州）

特拉华州规定禁止在距住宅、教会、学校、公园、医院 3 英里以内新建垃圾焚烧炉。(2000 年)

爱荷华州决定暂停(moratorium)商用医疗废弃物焚烧炉。目前该暂停规定仍然有效，但不适用医院自建的焚烧炉。(1993 年)

路易斯安那州对 33 章法令进行修改，禁止人口 50 万以上的行政区在规定的居住或商业区域内拥有、运行焚烧炉或签订有关焚烧炉的协议。(2000 年)

马里兰州禁止在小学或中学一英里以内区域修建焚烧炉。(1997 年)

马萨诸塞州制定了暂停新建或扩建固体垃圾焚烧炉的法律。(1991 年)目前暂停法律仍有效。

罗德岛州禁止兴建新的固体焚烧炉。该州是美国首个禁止焚烧的州。(1992 年)

西弗吉尼亚州禁止新建城市垃圾焚烧炉和商用焚烧炉。但批准了轮胎焚烧炉项目。(1994 年)

美国（县）

加利福尼亚州阿拉米达县通过了选民自发制定的《垃圾减排和循环利用法》，禁止在县内焚烧垃圾。之后的法院规定禁止令只限于县内无人区域。尽管如此，现在在阿拉米达县没有在运转的城市垃圾焚烧炉。(1990 年)

马里兰州安娜兰多县禁止使用固体垃圾和医疗废弃物焚烧炉。(2001 年)

美国（城市）

加利福尼亚州布里斯班市禁止新建焚烧炉。(1998 年)

伊利诺伊州芝加哥市禁止焚烧城市垃圾。该禁令也适用于学校及公寓。(2000 年)

加利福尼亚州圣地亚哥市施行的规定是禁止在距学校及托老所中心的一定范围内为修建焚烧炉选址。实际上等于不允许在市内建焚烧炉。(1987 年)

纽约州艾伦伯格市禁止建垃圾焚烧炉。(1990 年)

纽约市截止到 1993 年已经禁止所有的公寓使用焚烧炉。

用的焚烧炉。

有 2200 座公寓附带的焚烧炉全部被关闭。（1993 年）

暂停禁令（moratorium）

在美国的一些州，即阿肯色州、威斯康星州、密西西比州，对医疗废弃物及城市垃圾的焚烧炉颁布了暂停运转的法令，期限到期后被解除。美国 EPA 在 1993 年对全国范围内新建的有害废弃物处理设施规定了 18 个月的冻结期。20 世纪 90 年代，又 2 次向联邦议会提出暂停新建垃圾焚烧炉的法案，但均以失败告终。

其他：

在加利福尼亚州伯克利市以无记名投票方式通过了将垃圾焚烧厂停止运转五年的法案。根据此法案该市制定了自己的回收利用计划，成为了全国的样板。（1992 年）

瑞典曾对新建的焚烧炉设定了两年暂停期。（1985 年）

比利时曾迫于佛兰芒语圈居民的压力对新建焚烧炉设定了五年暂停期。（1990 年）

加拿大的安大略省制定了禁止新建焚烧炉的法案（1992 年）。但是，后来被新当选的保守派政府废除了（1996 年）。

马里兰州巴尔的摩制定了新建城市垃圾焚烧炉 5 年内暂停运转的法案。（1992 年）

附录 2　从焚烧炉里排放出来的具有挥发性的有机化学物质清单

（它是 1995 年由专业性杂志发表的从焚烧炉里排放出来的物质的鉴定表。其中不包括重金属等元素类物质以及其他一般性的大气污染物质。

附录 2-1　从一般废弃物焚烧设施的大气排放物鉴定的具有挥发性的有机化学物质

Pentane
ペンタン
戊烷

Trichlorofluoromethane
トリクロロフルオロメタン
三氯一氟甲烷

Acetonitrile
アセトニトリル
乙腈

Acetone
アセトン
丙酮

iodomethane
ヨードメタン
碘甲烷

Dichloromethane
ジクロロメタン
二氯甲烷

2-methyl-2-propanol
2- メチル -2- プロパノール
2- 甲基 -2- 丙醇

3-methylhexane
- メチルヘキサン
3- 甲基己烷

1,3-dimethylcyclopentane
1,3- ジメチルシクロペンタン
1,3- 二甲基环戊烷

1,2-dimethylcyclopentane
1,2- ジメチルシクロペンタン
1,2- 二甲基环戊烷

trichloroethene
トリクロロエテン
三氯乙烯

heptane
ヘプタン
庚烷

methylcyclohexane
メチルシクロヘキサン
甲基环己烷

ethylcyclopentane
エチルシクロペンタン
甲基环戊烷

2-methylpentane
2- メチルペンタン
2- 甲基戊烷

Chloroform
クロロホルム
氯仿

ethyl acetate
酢酸エチル
乙酸乙酯

2,2-dimethyl-3-pentanol
2,2- ジメチル -3- ペンタノール
2,2- 二甲基 -3- 正戊醇

Cyclohexane
シクロヘキサン
环己烷

benzene
ベンゼン
苯

2- methylhexane
2- メチルヘキサン
3- 甲基己烷

Tetrachloroethylene
テトラクロロエチレン
四氯乙烯

butanoic acid ethyl ester
酪酸エチルエステル
正丁酸甲酯

butyl acetate
酢酸ブチル
乙酸丁酯

Ethylcyclohexane
エチルシクロヘキサン

2-hexanone
2- ヘキサノン
2- 己酮

toluene
トルエン
甲苯

1,2-dimethylcyclohexane
1,2- ジメチルシクロペタン
1,2- 二甲基环己烷

2-methylpropyl acetate
酢酸 2- メチルプロピル
2- 甲基丙基乙酸

3-methyleneheptane
3- メチレンヘプタン
3- 亚甲基庚烷

paraldehyde
パーアルデヒド
三聚乙醛

octane
オクタン
正辛烷

isopropyl benzene
イソプロピルベンゼン
异丙基苯

propylcyclohexane
プロピルシクロヘキサン
丙基环己烷

dimethyloctane
ジメチルオクタン
二甲基辛烷

pentanecarboxylic acid
ペンタンカルボン酸

乙基环己烷

2-methyloctane

2- メチルオクタン

2- 甲基辛烷

Dimethyldioxane

ジメチルジオキサン

二甲基二氧乙环

2-furanecarboxaldehyd

2- フランカルボキシアルデヒド

2- 呋喃醛

Chlorobenzene

クロロベンゼン

氯代苯

methyl hexanol

メチルヘキサノール

甲苯己醇

Trimethyl cyclohexane

トリメチルシクロヘキサン

三甲基－环己烷

ethyl benzene

エチルベンゼン

乙苯

formic acid

ギ酸

蚁酸

Xylene

キシレン

二甲苯

Aceticacid

酢酸

醋酸

aliphatic carbonyl

脂肪族カルボニル化合物

戊烷羧酸

propyl benzene

プロピルベンゼン

丙基苯

benzaldehyde

ベンズアルデヒド

苯甲醛

5-methyl-2-furane carboxaldehyde

5- メチル -2- フランカルボキシアルデヒド

5- 二基 -2- 呋喃醛

1-ethyl-2-methylbenzene

1- エチル -2- メチルベンゼン

1- 乙烷基 -2- 甲苯

1,3,5-trimethylbenzene

1,3,5- トリメチルベンゼン

1,3,5- 三甲基苯

trimethylbenzene

トリメチルベンゼン

三甲基苯

benzonitrile

ベンゾニトリル

氰苯

methylpropylcyclohexane

メチルプロピルシクロヘキサン

丙基甲基环己烷

2-chlorophenol

2- クロロフェノール

2- 氯酚

1,2,4-trimethylbenzene

1,2,4- トリメチルベンゼン

1,2,4- 三甲基苯

phenol

フェノール

脂肪族羰基

Ethyl methyl cyclohexane

エチルメチルシクロヘキサン

乙基甲基环己烷

2-heptanone

ヘプタノン

2- 庚酮

2-butoxy ethanol

2- ブトキシエタノール

乙二醇单丁醚

nonane

ノナン

壬烷

1-ethyl-4-methylbenzene

1- エチル -4- メチルベンゼン

1-乙（烷）基 -4- 甲苯

2-methyl isopropylbenzene

メチルイソプロピルベンゼン

2- 甲基茴香素

benzyl alcohol

ベンジアルコール

苯甲醇

Trimethylbenzene

トリメチルベンゼン

三甲苯

1-methyl-3-propylbenzene

メチル -3- プロピルベンゼン

1- 甲基 3- 溴丙苯

2-ethyl-1,4-dimethylbenzene

2- エチル 1,4- ジメチルベンゼン

2- 甲基 -1,4- 二甲苯

2-methylbenzaldehyde

苯酚

1,3-dichlorobenzene

1,3- ジクロロベンゼン

1,3- 二氯苯

1,4-dichlorobenzene

1,4- ジクロロベンゼン

1,4- 二氯苯

decane

デカン

癸烷

hexanecarboxylic acid

ヘキサンカルボン酸

六羧酸

1-（chloromethyl）-4-methylbenzene

1（- クロロメチル）-4- メチルベンゼン

1-（一氯甲基）-4- 甲苯

1,3-diethylbenzene

1,3- ジメチルベンゼン

1,3- 二乙苯

1,2,3-trichlorobenzene

1,2,3- トリクロロベンゼン

1,2,3- 三氯苯

4-methylbenzyl alcohol

4- メチルベンジルアルコール

4- 甲基苯基甲醇

2- ethylhexanoic acid

2- エチルヘキサン酸

2- 乙基己酸

ethyl benzaldehyde

エチルベンズアルデヒド

甲基苯甲醛

2,4-dichlorophenol

2- メチルベンズアルデヒド
2- 甲基苯甲醛
1-methyl-2-propylbenzene
1- メチル -2- プロピルベンゼン
1- 甲基 -2- 溴丙苯
methyl decane
メチルデカン
甲基正癸烷
4-methylbenzaldehyde
4- メチルベンズアルデヒド
4- 甲基苯甲醛
1-ethyl-3,5-dimethylbenzene
1- エチル -3,5- ジメチルベンゼン
1- 乙（烷）基 -3,5- 二甲苯
1-methyl-（1-propenyl）benzene
1- メチル（- 1- プロペニル）ベンゼン
1- 甲基（1- 丙烯基）苯
Bromochlorobenzene
ブロモクロロベンゼン
溴氯苯
4-methylphenol
4- メチルフェノール
4- 甲酚
benzoic acid methyl ester
安息香酸メチルエステル
苯甲酸甲酯
2-chloro-6-methylphenol
2- クロロ -6- メチルフェノール
2- 氯 -6- 甲酚
Ethyldimethylbenzene
エチルジメチルベンゼン
二甲基苯
Undecane

2,4- ジクロロフェノール
2,4- 二氯酚
1,2,4-trichlorobenzene
1,2,4- トリクロロベンゼン
1,2,4- 三氯苯
naphthalene
ナフタレン
萘
cyclopeanta siloxane decamethyl
シクロペンタシロキサンデカメチル
环硅氧烷十甲基
methyl acetophenone
メチルアセトフェノン
乙（烷）基苯乙酮
ethanol-1-（2-butoxyethoxy）
エタノール -1（- 2- ブトキシエトキシ）
乙醇 -1（- 2- 丁氧基乙氧基）
4-chlorophenol
4- クロロフェノール
4- 氯酚
benzothiazole
ベンゾチアゾール
苯并噻唑
benzoic acid
安息香酸
苯甲酸
octanoic acid
オクタン酸
辛酸
2-bromo-4-chlorophenol
2- ブロモ -4- クロロフェノール
2- 溴 -4- 氯苯酚
1,2,5-trichlorobenzene

ウンデカン

正十一烷

heptanecarboxylic acid

ヘプタンカルボン酸

丙基戊酸

Bromochlorophenol

ブロモクロロフェノール

溴氯苯酚

2,4-dichloro-6-methylphenol

2,4- ジクロロ -6- メチルフェノール

2,4- 二氯甲烷 -6- 煤酚

Dichloromethyl phenol

ジクロロメチルフェノール

二氯甲苯酚

Hydroxyl benzonitrile

ヒドロキシベンゾニトリル

羟基氰苯

Tetrachlorobenzene

テトラクロロベンゼン

四氯苯

methylbenzoic acid

メチル安息香酸

甲基苯甲酸

trichlorophenol

トリクロロフェノール

三氯（苯）酚

2-（hydroxymethyl）benzoic acid

(- ヒドロキシメチル) 安息香酸

2（羟甲基）苯甲酸

2-ethylnaphthalene-1,2,3,4-tetrahydro

2- エチルナフタレン -1,2,3,4- テトラヒドロ

2- 乙基萘

1,2,5- トリクロロベンゼン

1,2,5 三氯苯

dodecane

ドデカン

正十二烷

2-hydroxy-3,5-dichlorobenzaldehyde

2- ヒドロキシ -3,5- ジクロロベンズアルデヒド

2- 羟基 -3,5- 二氯苯甲醛

2-methyl biphenyl

2- メチルビフェニル

2- 甲基联苯

2-nitrostyrene（2-nitroethenylbenzene）

2- ニトロスチレン（2- ニトロエテニルベンゼン）

2- 硝茎苯乙烯

decane carboxylic acid

デカンカルボン酸

癸烷羟酸

hydroxyl methoxy benzaldehyde

ヒドロキシメトキシベンズアルデヒド

羟基甲基苯甲醛

hydroxyl chloro acetophenone

ヒドロキシクロロアセトフェノン

羟基氰氯酸苯乙酮

ethyl benzoic acid

エチル安息香酸

乙基苯甲酸

2,6-dichloro-4-nitrophenol

2,6- ジクロロ -4- ニトロフェノール

2,6- 二氯甲烷 -4- 硝基酚

sulphonic acid m.w. 192

スルホン酸（m.w. 192）

硫磺酸（m.w. 192）

2,4,6-trichloro phenol
2,4,6- トリクロロフェノール
2.4.6 三氯苯酚

4-ethyl acetophenone
4- エチルアセトフェノン
4- 乙（烷）基苯乙酮

2,3,5-trichlorophenol
2,3,5- トリクロロフェノール
2,3,5- 三氯（苯）酚

4-chlorobenzoic acid1
4- クロロ安息香酸
4- 氯苯甲酸

2,3,4-trichlorophenol
2,3,4- トリクロロフェノール
2,3,4- 三氯（苯）酚

1,2,3,5-tetrachlorobenzene
1,2,3,5- テトラクロロベンゼン
1,2,3,5- 四氯苯

1,1' biphenyl
1,1' ビフェニル
1,1' 联苯

（2-ethenyl-naphthalene）
（2- エテニルナフタレン）
（2- 乙烯基 - 臭樟脑）

3,4,5-trichlorophenol
3,4,5- トリクロロフェノール
3,4,5- 三氯苯酚

chlorobenzoic acid
クロロ安息香酸
氯苯甲酸

Pentachlorobenzene
ペンタクロロベンゼン

4-bromo-2,5-dichlorophenol
4- ブロモ -2,5- ジクロロフェノール
4- 婆罗摩 -2,5- 二氯苯酚

2-ethyl biphenyl
2- エチルビフェニル
2- 乙（烷）基联苯

roomdichloro phenol
ブロモジクロロフェノール
溴二氯联苯

（3H）-isobenzofuranone-5-methyl
（3H）- イソベンゾフラノン -5- メチル
（3H）异苯并呋喃酮 -5- 甲基

dimethyl phthalate
ジメチルフタレート
邻苯二甲酸二甲酯

2,6-di-tertiary-butyl-p-benzoquinone
2,6- ジ -tert- ブチル -p- ベンゾキノン
2.6- di 叔丁基 p 苯醌

3,4,6-trichloro-1-methyl-phenol
3,4,6- トリクロロ -1- メチルフェノール
3,4,6- 三氯甲烷 -1- 甲基 - 苯酚

2-tertiary-butyl-4-methoxyphenol
2-tert- ブチル -4- メトキシフェノール
2- 三级 - 丁基 -4- 邻甲氧基酚

2,2'-dimethylbiphenyl
2,2'- ジメチルビフェニール
2,2'- 二甲基联苯胺

2,3'-dimethylbiphenyl
2,3'- ジメチルビフェニール
2,3'- 二甲基联苯胺

pentachlorophenol
ペンタクロロフェノール

五氯苯

bibenzyl

ビベンジル

联苄

2,4'-dimethylbiphenyl

2,4'-ジメチルビフェニル

2,4'-二甲基联苯

1-methyl-2-phenylmethyl benzene

メチル-2-フェニルメチルベンゼン

1-甲基2-醋酸苄酯苯

benzoic acid phenyl ester

安息香酸フェニルエステル

安息香酸苯酯

2,3,4,6-tetrachlorophenol

2,3,4,6-テトラクロロフェノール

2,3,4,6-四氯苯酚

Tetrachloro benzofurane

テトラクロロベンゾフラン

四氯夫喃

fluorene

フルオレン

芴

phthalic ester

フタル酸エステル

邻苯酯

Dodecane carboxylic acid

ドデカンカルボン酸

十二烷羟酸

3,3'-dimethyl biphenyl

3,3'-ジメチルビフェニール

3.3-二甲基联苯

3,4'-dimethylbiphenyl

3,4'-ジメチルビフェニール

五氯苯酚

sulphonic acid m.w. 224

スルホン酸（m.w. 224）

硫磺酸（m.w. 224）

phenanthrene

フェナントレン

菲

tetradecane carboxylic acid

テトラデカンカルボン酸

十四烷羟酸

octadecane

オクタデカン

十八烷

phthelic ester

フタル酸エステル

钛酸酯基

tetradecanoic acid isopropyl ester

テトラクロロデカン酸イソプロピルエステル

十四烷酸异丙酯

caffeine

カフェイン

咖啡因

12-methyl tetradca carboxylic acid

12-メチルテトラデカカルボン酸

甲基四羧羟酸

pentadeca carboxylic acid

ペンタデカカルボン酸

十五基羟酸

methylphenanthrene

メチルフェナントレン

甲基菲

nonede cane

ノネデカン

3.4- 二甲基联苯

Hexadecane

ヘキサデカン

十六烷

benzophenone

ベンゾフェノン

苯甲酮

tridecanoic acid

トリデカン酸

十三烷酸

Hexachlorobenzene

ヘキサクロロベンゼン

六氯苯

heptadecane

ヘプタデカン

十七烷

Fluorenone

フルオレノン

芴酮

Dibenzothiophene

ジベンゾチオフェン

二苯并噻吩

Pentachlorobiphenyl

ペンタクロロビフェニール

五氯联苯

aliphatic amide

脂肪族アミド

脂肪族酰胺

Octadecane carboxylic acid

オクタデカン カルボン酸

十九烷

9-hexadecene carboxylic acid

9- ヘキサデセンカルボン酸

十六碳烯羚酸

anthraquinone

アントラキノン

蒽醌

dibutyl phthalate

ジブチルフタレート

丁二基钛酸盐

hexadecanoic acid

ヘキサデカン酸

十六烷酸

eicosane

エイコサン

二十碳烷

methyl hexadecanoic acid

メチルヘキサデカン酸

甲基十六烷酸

fluo roanthene

フルオランテン

荧蒽

diisooctyl phthalat

ジイソオクチルフタレート

二异辛基钛酸酯

hexadecanoic acid hexadecyl ester

ヘキサデカン酸ヘキサデシルエステル

十六酸十六酯

cholesterol

コレステロール

十八烷羚酸　　　　　　　　胆固醇

hexadecane amide

ヘキサデカンアミド

正十六烷酰胺

出处：Jay K. and Stieglitz L. (1995). Identification and quantification of volatile organic components in emissions of waste incineration plants. Chemosphere 30 (7) :1249- 1260

附录 2-2　从有害废弃物焚烧设施排放的物质中被鉴定的化合物

acetone

アセトン

丙酮

Acetonitrile

アセトニトリル

乙腈

acetophenone

アセトフェノン

乙酰苯

Benzaldehyde

ベンズアルデヒド

苯甲醛

benzene

ベンゼン

苯

Benzene dicarbox aldehyde

ベンゼンジカルボキシアルデヒド

笨联羧醛

Benzofuran

ベンゾフラン

香豆酮

benzoic acid

chlorobenzene

クロロベンゼン

氯苯

1-chlorobutane

1- クロロブタン

氯丁烷

chlorocyclohexanol

クロロシクロヘキサノール

氯环己醇

1-chlorodecane

1- クロロデカン

1- 氯代癸烷

chlorodibromomethane

クロロジブロモメタン

氯二溴甲烷

2-chloroethyl vinyl ether

2- クロロエチルビニルエーテル

2- 氯乙基乙烯基醚

chloroform

クロロフォルム

氯仿

1-chlorohexane

安息香酸

苯甲酸

bis（2-ethylhexyl）phthalate

ビス（2-エチルヘキシル）フタレート

双（2-乙基己基）邻苯二甲酸

1-bromodecane

ノーブロモデカン

1-溴代癸烷

Bromofluorobenzene

ブロモフルオロベンゼン

二氯代乙炔溴氟苯

bromoform

ブロモメタン

三溴甲烷

bromomethane

ブロモフォルム

溴化甲烷

Butylbenzylphtalate

ブチルベンチルフタレート

（フタール酸ブチルベンチルエステル）口己口

丁基苯基邻苯二甲酸

（邻苯二甲酸丁本直到酯）

1-クロロヘキサン

1-氯乙烷

chloromethane

クロロメタン

氯甲烷

1-chlorononane

1-クロロノナン

1-氯壬烷

1-chloropentane

1-クロロペンタン

1-氯戊烷

cyclohexane

シクロヘキサン

环己烷

cyclohexanol

シクロヘキサノール

环己醇

cyclohexene

シクロヘキセン

C8H18

オクタン、イソオクタン

辛烷、异辛烷

carbon tetrachloride

四塩化炭素

四氯化碳

dichloroacetylene

ジクロロアセチレン（二塩化アセチレン）

氯乙炔（二氯代乙炔）

1-decene

1-デセン

1-癸烯

dibutylphthalate

ジブチルフタレート（フタール酸ジブチルエステル）

邻苯二甲酸正丁酯

dichlorobromomethane

ジクロロブロモメタン

溴化二氯甲烷

1,2-dichlorobenzene

1,2- ジクロロベンゼン

1,2- 二氯苯

1,4-dichlorobenzene

1,4- ジクロロベンゼン

1,4- 二氯苯

1,1-dichloroethane

1,1- ジクロロエタン

1,1- 二氯乙烷

1,2-dichloroethane

1,2- ジクロロエタン

1,2- 二氯乙烷

1,1-dichloroethylene

1,1- ジクロロエチレン

1,1- 二氯乙烯

Dichlorodifluoromethane

ジクロロジフルオロメタン

二氯二氟甲烷

Dichloromethane

ジクロロメタン

二氯甲烷

2,4-dichlorophenol

2,4- ジクロロフェノール

2,4- 二氯苯酚

diethylphthalate

フタール酸ジエチルエステル

邻苯二甲酸正丁酯

dimethyl ether

ジメチルエーテル

二甲醚 2- 甲

ethynylbenzene

エチニルベンゼン

苯乙炔

formaldehyde

ホ（フォ）ルムアルデヒド

甲醛

heptane

ヘプタン

庚烷

hexachlorobenzene

ヘキサクロロベンゼン

六氯苯

hexachlorobutadiene

ヘキサクロロブタジエン

六氯丁二烯

hexanal

ヘキサナール

乙醛

1-hexene

1- ヘキセン

1- 乙烯

methane

メタン

甲烷

methylcyclohexane

メチルシクロヘキサン

甲基环乙烷

methyl ethyl ketone

メチルエチルケトン

甲基乙基酮

2-methyl hexane

2- メチルヘキサン

基己烷

3,7-dimethyl octanol
3,7- ジメチルオクタノール
3,7- 二甲基 -3- 辛醇

dioctyl adipate
アジピン酸ジオクチルエステル
己二酸二辛酯

Ethenylethyl benzene
エテニルエチルベンゼン
乙烯基乙基苯

Ethyl benzaldehyde
エチルベンズアルデヒド
乙基苯甲醛

ethylbenzene
エチルベンゼン
乙苯

ethylbenzoic acid
エチル安息香酸
乙基苯甲酸

Ethylphenol
エチルフェノール
乙基苯酚

(ethylphenyl) ethanone
（エチルフェニル）エタノン
（乙基苯基）乙酰基

pentachlorobiphenyl
ペンタクロロビフェニール
五氯联苯

heptadecanecarboxylic acid
ヘプタデカンカルボン酸
十七烷羟酸

Octadeca dienal

3-methyleneheptane
3- メチレンヘプタン
3- 亚甲基庚烷

3-methylhexane
3- メチルヘキサン
3- 甲基己烷

5,7-methyl undecane
5,7- メチルウンデカン
5,7- 甲基正十一烷

naphthalene
ナフタレン
萘

nonane
ノナン
壬烷

nonanol
ノナノール
壬醇

4-octene
4- オクテン
4- 辛烯

pentachlorophenol
ペンタクロロフェノール
五氯苯酚

docosane
ドコサン
二十二烷

hexachloro biphenyl
ヘキサクロロビフェニール
六氯联苯

benzyl butyl phthalate

オクタデカジエナール
十八烷癸二烯醛

ベンジルブチルフタレート
邻苯二甲酸丁基苄

Phenol
フェノール
苯酚

tetrachloroethylene
四塩化エチレン
四氯乙烯

polychlorinated biphenyls（PCBs）
多塩化ビフェニル類（PCB 類）
多氯联苯（PCB 类）

tetradecane
テトラデカン
正十四烷

polychlorinated dibenzo-p-dioxins
多塩化ジベンゾパラジオキシン類
多氯代二苯并二　英

tetramethyloxirane
テトラメチルオキシラン
四甲基硅

（dioxins）
（ダイオキシン類）
（二　英类）

toluene
トルエン
甲苯

polychlorinated dibenzofurans（furans）
ポリクロロジベンゾ（フラン類）
多氯二苯并呋喃（呋喃类）

1,2,4-trichlorobenzene
1,2,4- トリクロロベンゼン
1,2,4 － 三氯苯

Pentanal
ペンタナール
戊醛

1,1,1-trichloroethane
1,1,1- トリクロロエタン
1,1,1- 三氯乙烷

Phenol
フェノール（石炭酸）
苯酚（石灰酸）

1,1,2-trichloroethane
1,1,2- トリクロロエタン
1,1,2- 三氯乙烷

Phenylacetylene
フェニルアセチレン
苯乙炔

trichloroethylene
トリクロロエチレン
三氯乙烯

phenylbutenone
フェニルブテノン
苯基丁氮酮

trichlorofluoromethane
トリクロロフルオロメタン
三氯氟甲烷

1,1'-（1,4-phenylene）bisethanone

trichlorotrifluoroethane

201

1,1'（- 1,4- フェニレン）ビスエタノン
1,1' -（1,4- 次苯基）双乙醇
bisethanone
ビスエタノン
双乙醇
Phenylpropenol
フェニルプロペノール
苯丙醇
Propenyl methyl benzene
プロペニルメチルベンゼン
丙烯基甲基苯

トリクロロトリフルオロエタン
三氟三氯乙烷
2,3,6-trimethyldecane
2,3,6- トリメチルデカン
2,3,6- 三甲酯癸烷
trimethylhexane
トリメチルヘキサン
三甲基己烷
2,3,5-trichlorophenol
2,3,5- トリクロロフェノール
2,3,5- 三氯（苯）酚

1,1,2,2-tetrachloroethane
1,1,2,2- テトラクロロエタン
（1,1,2,2- 四氯化**エタン**）
1,1,2,2- 四氯乙烷

vinyl chloride
ビニルクロリド（塩化ビニル…塩ビ）、
氯乙烯

出处：Trenholm and Lee，1986, Dellinger, et al., 1988；Trenholm and Thumau, 1987,
Chang, et al. 1988；USEPA 1989；USEPA 1987.

主要参考文献

《死亡之夏——毒云飘过的城镇》，John G. Fuller，Anvieru，1978 年。

《Report to secretary of the Department of Veterans Affairs on the Association between adverse health effects and exposure to Agent Orange》by Admiral E.R. Zumwalt，Jr.，1990 年。

《Operation Ranch Hand: The Air Force and Herbicides in Southeast Asia, 1961-1971》，William A. Buckingham, Jr., Ph.D.

《战场上的落叶剂》，中村悟郎著，岩波书店，1995 年。

《化学物质的安全性评价》（WHO 环境保健标准），国立医药食品卫生研究所。

《被审判的该是谁》，原田正纯著，世织书房，1995 年。

《Seveso-20years after》（《塞维索——20 年之后》），Fondazione Lombardia per l'Ambiente，1998 年。

《来自政府机关的二噁英》，上田寿著，彩流社，1998 年。

《KANEMI 油症第 30 年的现实》，明石升二郎著，《技术与人类》1999 年 4 月号。

《垃圾处理大区域计划》，山本节子著，筑地书馆，2001 年。

《土壤、地下水污染》，畑明郎著，有斐阁选书，2001 年。

《气化熔融炉：对环境与人类的影响》，Blue Ridge Environmental Defense League（蓝岭环保联盟），2002 年。

《焚烧处理与健康》，绿色和平埃克塞特研究所，2002 年 6 月。

《农药毒性辞典》，植村振作、辻万千子、冨田重行、前田静夫著，三省堂，2002。

《Waste Incineration: A DYING TECHNOLOGY》，GAIA，2003 年。

《垃圾焚烧：垂死的技术》，GAIA，2003 年。

通过网络检索的资料、行政资料已分别在文中做了注释。